RAISING KIDS WITH BIG, BAFFLING BEHAVIORS

Brain-Body-Sensory
Strategies That Really Work

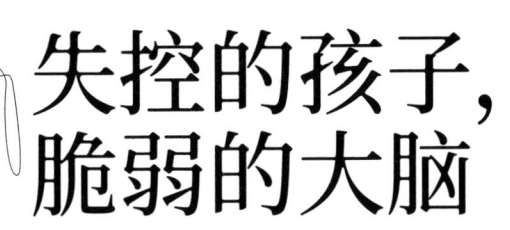

失控的孩子，
脆弱的大脑

用安全感帮助孩子管理情绪与行为

Robyn Gobbel
[美] 萝宾·戈贝尔 著
虞国钰 译

机械工业出版社
CHINA MACHINE PRESS

Robyn Gobbel. Raising Kids with Big, Baffling Behaviors: Brain-Body-Sensory Strategies That Really Work.

Copyright © 2024 by Robyn Gobbel.

Foreword Copyright © 2024 by Bonnie Badenoch, PhD.

Simplified Chinese Translation Copyright © 2025 by China Machine Press.

This edition arranged with Jessica Kingsley Publishers through BIG APPLE AGENCY. This edition is authorized for sale in the Chinese mainland (excluding Hong Kong SAR, Macao SAR and Taiwan).

No part of this book may be reproduced or transmitted in any form or by any means, electronic or mechanical, including photocopying, recording or any information storage and retrieval system, without permission, in writing, from the publisher.

All rights reserved.

本书中文简体字版由 Jessica Kingsley Publishers 通过 BIG APPLE AGENCY 授权机械工业出版社仅在中国大陆地区（不包括香港、澳门特别行政区及台湾地区）独家出版发行。未经出版者书面许可，不得以任何方式抄袭、复制或节录本书中的任何部分。

北京市版权局著作权合同登记　图字：01-2024-2556 号。

图书在版编目（CIP）数据

失控的孩子，脆弱的大脑：用安全感帮助孩子管理情绪与行为 /（美）萝宾·戈贝尔(Robyn Gobbel) 著；虞国钰译. -- 北京：机械工业出版社，2025. 5.

ISBN 978-7-111-78344-2

I. G78；B842.6

中国国家版本馆 CIP 数据核字第 2025ES3941 号

机械工业出版社（北京市百万庄大街 22 号　邮政编码 100037）

策划编辑：欧阳智　　　　　　　　责任编辑：欧阳智
责任校对：王文凭　李可意　景　飞　责任印制：单爱军
保定市中画美凯印刷有限公司印刷
2025 年 7 月第 1 版第 1 次印刷
147mm×210mm · 10.375 印张 · 1 插页 · 211 千字
标准书号：ISBN 978-7-111-78344-2
定价：69.00 元

电话服务	网络服务
客服电话：010-88361066	机 工 官 网：www.cmpbook.com
010-88379833	机 工 官 博：weibo.com/cmp1952
010-68326294	金 书 网：www.golden-book.com
封底无防伪标均为盗版	机工教育服务网：www.cmpedu.com

为了所有勇敢的看门狗和负鼠。

感谢你让我看到你。

感谢你教会我信任你。

Raising Kids
with Big, Baffling
Behaviors

推荐序

收到虞老师的邀请,我心里又兴奋又担心:兴奋的是虞老师如此信任我,担心的是自己何德何能,还能写序。当我收到这本书时,就发现书的内容太好了,德和能都不重要,重要的是希望这本书可以让更多困扰于孩子教育的父母看到。

孩子出现心理行为问题,究竟是遗传因素所致,还是创伤性事件的持续影响?

科学研究一直纷争不断,每个观点都有自己的证据,但又不能概括全部。从心理治疗的角度来看,既不能修改基因,又无法穿越时空去阻止创伤性事件的发生。家庭治疗提出,是家庭成员之间的互动模式,维持了家庭成员的心理行为问题,而家庭成员的心理行为问题,反过来又维持了家庭的动态平衡,比如父母之间的冲突，往往会让孩子承受很大的心理压力，而孩子出现问题，父母需要携手解决，这也会搁置甚至缓冲父母间的张力。

这个考虑是从系统观和互补理论出发的，人与人总是互相影响，长久相处就会形成固定的相处模式：你进我退，我主内你主外，尽量维持一个平衡。而孩子的问题，恰恰是家庭关系冲突的热点，也是家庭寻求治疗的原因。

家庭治疗的一个目标是让家庭成员明白自己是症状发生和维系的一部分，改变自己的行为，就改变了家人之间固有的相处模式，症状就会"松动"，甚至不复存在。

可是，就像本书所说的："知道"连成功的一半都算不上。相较于观念的改变，行为层面的改变更难，因为大脑会有固定的神经连接模式，神经连接模式决定了我们的认知、情绪和行为。

罹患心理疾病的孩子通常有他们固定的神经连接模式，要和他们相处其实是很有挑战性的。因此，要帮助这些孩子，需要父母受调节、有连接、有安全感，父母是孩子疗愈之旅的极其重要的一部分，因为疗愈发生在关系中。这也是家庭治疗的另一个目标：帮助父母调节情绪，建立更多元、更有效的神经连接。

怎么建立呢？看看本书作者怎么说。

作者说写这本书，是为了和读者建立关系，在作者和读者的关系中，读者的大脑会发生变化，会在脑细胞之间建立更多、更强的连接,这意味着更多的情绪调节。本书还提到了几个有趣的名词:负鼠、猫头鹰、看门狗。这几个名词具体是什么意思,留待各位读者自行查阅。

作为推荐者,我希望读者将查阅答案的这个行为作为改变的开端,让知识慢慢地内化,帮助你们形成更多安全、稳定的连接,从而帮到家庭和孩子。所谓干中学、学中干,改变永远不会一蹴而就,改变之旅也许是终生学习的过程,好在有此书、有心理学工作者的陪伴。

Raising Kids
with Big, Baffling
Behaviors

序

萝宾的书具有潜在的转化作用。就是这样。

我之所以说"潜在的",是因为我们必须停一下,来体验她所说的东西,才能让这本书在我们身上发挥魔法。尽管这本书是写给那些正在挣扎于孩子严重的、令人困扰的行为的父母,但她所表述的核心前提适用于我们所有人。立足于关系神经科学的核心发现,她指出,基于我们内心世界的状态(反映在我们的自主神经系统中)、周围正在发生的事情,以及我们可以获得的支持,我们都在尽我们所能做到最好。也许我们应该暂停下来,真的来体会一下,看看我们对此有什么感觉。

想象一下,如果我们用这种理解的眼光看待自己和他人,这个世界会发生什么。

萝宾接着指出，如果人们正在做一些破坏性的事情，是因为他们感觉到不安全，并且他们正在受适应性神经系统的驱使，让他们做出系统认为尽可能安全的任何保护性行为。一开始可能会觉得很离谱，如果我们开始用这样的视角看待彼此，也许只是尝试性的，我们可能会感觉到它是真相。上次我们对孩子大喊大叫，或者说了一些令人难以置信的刻薄话时，我们的内心深处发生了什么？如果我们感受自己的内在，我们可能会有一些发现，它们有助于用关怀和温暖的好奇心取代判断、指责和只是为了控制行为的尝试。

这个视角将我们引领到下一步。在任何困难的情况下，在任何伤害性的关系中，我们都需要关注"调节、连接和安全感"，萝宾几乎在每一页上一遍又一遍地重复着这句话。当我们感到安全时，我们对温暖、合作关系的天然的偏好就会占主导地位。

正如萝宾所说，这听起来很简单，但并不容易。

然后，她通过写这本书展示了这段旅程。在围绕着娜特帮助女儿萨米的故事展开的每一章里，萝宾邀请我们进行了一场长达数月的亲密对话。（我想象自己坐在她办公室的吊床上，参与其中。）尽管娜特很长一段时间都没有意识到，但她和萝宾在一起的体验正是她需要带给女儿的体验。没有比体验更好的学习方式了。

萝宾为娜特带来的每一种情绪提供了接纳和肯定，她承载了娜特的愤怒和悲伤，将它们视为与喜悦一样真实和珍贵的情绪。她提供给娜特工具，同时不断说明它们不会总是有效（从而减少当一切分崩离析时产生的羞耻感)。她陪伴娜特走过每一个步骤和阶段。她给娜特和我们带来了受调节、有连接和有安全感的生活体验。这里有幽默和宁静,还有猫头鹰、看门狗和负鼠——它们是我们神经系统可能的状态。(我迫不及待地想让你们认识它们了!它们已经成为我们家的常客。)在这一切中,萝宾脆弱地分享了她自己在与娜特的对话中的反应,以及她是如何经历调节失效的时刻的。听她自己陈述这些,真的很有帮助。

萝宾所说的孩子是我们社会中最脆弱的群体。这些孩子的神经系统特别脆弱,很容易体验到恐惧,然后进入保护自己的状态——从满天乱飞的愤怒话语到胳膊、腿,再到石头。或者他们可能只是从父母的视线中消失,崩溃并迷失方向。这些孩子对他们内心和周围的世界非常敏感。作为像这样挣扎的孩子的父母,是一种令人疲惫、悲伤和抓狂的经历。萝宾在这本书中为父母提供了一个停泊的港湾,这里有她积累的智慧和感知觉经验,帮助孩子父母从对抗和纠正行为转变为更深入地寻找并安抚恐惧的根源。

虽然这本书是写给父母看的,但萝宾以独特的方式呈现了娜特和萨米的故事,对于治疗师、教师以及任何发现自己与有严重而令人困扰行为的人建立关系的人来说,感觉就像是高级指导。鉴于我们的文化如此重视要有良好的行为,以及鼓励去控制和纠正不良行为,这种对于改变如何从更深的关系层面发生的善良及智慧的理解,是一个重大而绝对必要的转向。

当我们生活在这个充满挑战的时代时,我们每天都需要安全的同伴陪伴我们——一起调节、连接并找到安全感。这本书非常奇妙地提供了这些。多好的礼物啊！

邦尼·巴德诺赫（Bonnie Badenoch）博士，《创伤之心：在关系的背景下治愈具象大脑》（*The Heart of Trauma: Healing the Embodied Brain in the Context of Relationships*）一书的作者

Raising Kids
with Big, Baffling
Behaviors

前言

第一个教我透过别人的行为，看看他们内心发生了什么的人，是特殊教育老师兼回忆录作家托里·海登（Torey Hayden）。我如饥似渴地读着海登的书，从高中图书馆一本接一本地借阅。

在我看来，她就像一个魔术师。她与那些选择性缄默的孩子、被诊断为儿童精神分裂症的孩子、受过虐待的孩子，以及伤害其他孩子的孩子一起工作。其他老师不想让这些孩子进教室。海登不仅仅想要他们，她爱他们。

我丈夫是第二个教我不要在意别人行为的人。作为一名才华横溢的音乐教育家，他总是善于与最需要连接，但以最不受欢迎的方式行事的孩子建立联系。我从他的教学中学到了很多，但我在他与神经免疫疾病的毁灭性影响的斗争中学到了最多。在他的两年危机期间，我全身心投入我的理论研究，并庆幸自己选择了理解人们为何会有如此行为的职业。这拯救了我的家庭。

我的大部分专业经验都集中于帮助经历了创伤和毒性压力的孩子，所以这本书重点关注创伤和毒性压力如何影响发展中的大脑，这些孩子有脆弱的神经系统和严重的令人困扰的行为。

也许你正在养育一个有严重的令人困扰行为的孩子，但据你所知，他没有经历过任何你认为是创伤的事情。创伤和毒性压力有各种不同类型，有些类型是显而易见的，比如身体虐待、性虐待、情感虐待或长期忽视，但有些类型难以被观察到。

神经系统的脆弱性可能是由于孩子天赋异禀或其他神经多样性；或是因为对于感知觉的处理困难；又或是因为儿童急性发作神经精神综合征（Pediatric Acute-onset Neuropsychiatric Syndrome，PANS）、与链球菌感染相关的儿童自身免疫性神经精神障碍（pediatric autoimmune neuropsychiatric disorders associated with streptococcal infections，PANDAS）、莱姆病或其他神经免疫疾病。也许你的孩子在子宫内接触了酒精或其他毒素，也许你完全不知道为什么你的孩子会有严重的令人困扰的行为。无论背景故事如何，你并不孤单。

在本书中，你会遇到娜特，一位不知所措的母亲，迫切需要帮助照顾她的孩子萨米。娜特了解了创伤和毒性压力如何影响萨米的神经系统和行为。最终，这有助于她学会如何应对萨米的行为，以一种不是仅仅去改变萨米的行为，而是实际上改变萨米的大脑和神经系统的方式。

你的家庭故事的细节可能与娜特和萨米的不同，但你的挣扎是一样的：你养育的孩子神经系统脆弱，表现出严重的令人困扰的行为。你不堪重负，不知所措，有时被自己的育儿方式吓到。不管是什么导致了你的孩子神经系统脆弱，本书都适合你阅读。

我所知道的关于行为到底是什么的一切，都适用于所有严重的令人困扰的行为——无论其起源如何。它适用于我们的孩子、我们的客户、我们的伴侣和我们自己。

Raising Kids
with Big, Baffling
Behaviors

目录

推荐序

序

前言

第一部分　如何成为孩子行为方面的专家

第 1 章　行为到底是什么以及如何改变它　/ 2

等一下！在你继续看之前：关于本书写作方式的
　简要说明　/ 4

再跟我说说　/ 5

行为到底是什么　/ 9

没有行为是适应不良的　/ 11

你比你想象的更重要　/ 13

"知道"连成功的一半都算不上 / 14
　　　没那么容易 / 15
　　　我是如何来到这里的 / 15
　　　关系神经科学 / 17
　　　(非常)基本的大脑发育过程 / 18
　　　创伤和毒性压力 / 22

第 2 章　连接或保护：感觉安全的科学 / 25
　　　感觉安全 / 27
　　　神经感知 / 28
　　　连接或保护 / 29
　　　内部、外部和之间 / 30
　　　"但是，没有什么是不安全的！" / 36
　　　一切行为都是合理的 / 37
　　　压力反应系统 / 38
　　　创伤和毒性压力 / 40
　　　关于安全的科学 / 41

第 3 章　相信我……你的孩子想和你建立连接 / 43
　　　连接是生物学的必然需求 / 48
　　　依恋行为 / 49
　　　依恋循环 / 52
　　　当需求没有得到满足时 / 53
　　　创伤和毒性压力 / 56
　　　保护性行为 / 57

第 4 章　调节起了什么作用 / 59
　　　受调节是什么 / 65
　　　依恋理论是一种调节理论 / 67

自我调节不是目标 / 70
共鸣回路 / 71
自我调节无法被教授 / 73
创伤和毒性压力 / 75
所有行为都是合理的 / 76
"功能的恢复重现功能的发展" / 77

第二部分 现在让我们"修正"这些行为

第 5 章 猫头鹰、看门狗和负鼠 / 80

聪明的猫头鹰大脑 / 83
看门狗大脑和负鼠大脑 / 86
追踪猫头鹰、看门狗和负鼠大脑 / 109

第 6 章 培育猫头鹰大脑的育儿策略 / 111

协同调节式育儿 / 117
缩小距离 / 120
室内植物式养育 / 122
结构、常规和可预测性 / 127
同频 / 129
脚手架式协调 / 131
增加连接 / 132
我们先暂停一下再继续 / 136

第 7 章 看门狗大脑的育儿策略 / 138

为看门狗大脑引入安全、调节和连接的
干预措施 / 149

安全始终是首要目标 / 153

"怎么了"看门狗 / 154

"准备行动"看门狗 / 163

"后退"看门狗 / 171

"攻击"看门狗 / 178

这还不够 / 181

下一步是什么 / 181

第 8 章　负鼠大脑的育儿策略 / 183

为负鼠大脑引入安全、受调节和有连接的
干预措施 / 187

即使不是生命威胁，也感觉如此 / 189

负鼠就是负鼠 / 190

"梦幻地带"负鼠 / 199

"骗子"负鼠 / 203

"关机"负鼠和"装死"负鼠 / 210

喝一杯饮料、吃一点儿零食或移动你的身体 / 215

第 9 章　猫头鹰大脑返回时该怎么办 / 217

但是……不需要让他们承担后果吗 / 226

后果是什么 / 227

第一，修复 / 230

第二，让成功成为必然 / 233

第三，练习——玩耍！ / 238

第四，教你的孩子了解他们的大脑 / 241

养育你的猫头鹰大脑 / 244

第三部分 为什么"知道"连成功的一半都算不上

第 10 章 为什么你知道如何回应却仍然不去做 / 248

你的猫头鹰大脑 / 253

你的压力反应系统 / 254

内隐记忆：被记住了的，不是被回忆起来的 / 256

当诚实是危险的时 / 261

常见的父母心理模型 / 263

大反应，小问题 / 265

我们创造我们所期望的 / 266

现在怎么办 / 267

第 11 章 如何对孩子的行为更加宽容 / 269

有利于大脑的肌肉锻炼 / 274

连接 / 276

玩耍 / 280

注意到好的事情 / 282

自我关怀 / 285

你的猫头鹰大脑锻炼计划 / 291

第 12 章 如何应对你孩子的失控，同时保持自己不失控 / 292

调节情绪，不是冷静 / 296

调节与生气 / 297

第一步：觉察自己 / 298

第二步：承认而不评判 / 299

第三步：自我关怀　/ 300

第四步：释放张力　/ 302

现在你处于调节状态，不是冷静状态　/ 303

更新你的心理模型　/ 305

大脑正在改变　/ 307

后记　/ 309

术语解释　/ 311

致谢　/ 314

尾注　/ 318

第一部分

如何成为孩子行为方面的专家

Raising Kids With Big, Baffling Behaviors

Raising Kids
with Big, Baffling
Behaviors

第 1 章

行为到底是什么以及如何改变它

我看着你的眼睛扫视着我的办公室,你看到了波尔卡圆点地毯、悬挂在天花板上的空中瑜伽吊床和我的紫色天鹅绒沙发。我在脑子里想象,不知何时,你对我房间的评价从"明亮、可爱、充满色彩的房间"变成了"一个马戏团在这里爆炸了"。哦,好吧。

"坐吧。"我指着沙发说,然后我们做了交换:一杯加奶油的咖啡和一个破旧的马尼拉文件夹。

"我希望这没关系,"你说,手抱着温热的杯子,并没有看我的眼睛,"但我没有填写你所有的表格,而是把我以前打印过的历史记录带来了。无论如何,我想它包括了你的表格所要求的一切。"

我瞥了一眼文件夹上的标签:"治疗——萝宾。""萝宾"被写得像是乱涂乱画。

我知道我不是你的第一个治疗师。我几乎从来不是任何人的第一个治疗师。知道你见过这么多治疗师，以至于你把自己的看诊文件都分类存档了，真是令人心碎。你当然会这样。你不想一直在孩子的过去、你的过去，以及那些说他们会提供帮助却没有的专业人士之间，在这些持续不断的失望中跋涉。

尽管有这些持续的失望，但你又来了：在一个新的治疗师的办公室里。希望使人们寻求治疗。父母和照顾者经常感到绝望，但如果他们真的没有任何希望，他们也不会给我打电话。他们不会走进我的办公室，不会坐在我的沙发上，也不会和我眼神交流。

希望把你带到了这里。希望会把你每周都带来。

"当然没关系。在这个办公室里，你可以永远放心地呈现自己最真实的样子。"

我深吸一口气，慢慢地呼气，想象着，你已经把孩子的故事告诉了这么多专业人士，以至于你把所有东西都写出来、准备好了，这对你来说意味着什么。这听起来真的很痛苦，也非常聪明。尽可能地不浪费有限的精力是非常明智的。

我看到你呼气，然后稍微多一点儿地坐到紫色沙发里。

我们的目光交会了。我们有片刻的相会。你眼睛和嘴巴周围的肌肉几乎不知不觉地放松了，你的肩膀放低了一点点。我感觉到我们的能量开始连接。此刻，你似乎接收到了我所提供的安全感。

> 我提醒自己，无论是对你还是对我来说，这一点都将不断变化。安全感会为我们共同工作的一切奠定基础，而且我不能想当然地认为或假设安全感总是存在。
>
> 这是我以前经历过的时刻，与一位母亲建立连接的时刻，她做了任何父母都不应该需要去做的事情：坐在另一位全新的治疗师的沙发上。一个新的陌生人，将知道她的家庭生活、她的孩子和她生活中最隐秘的细节。这完全不公平。

等一下！在你继续看之前：
关于本书写作方式的简要说明

你刚刚遇见了娜特。娜特不是一个真实的人，但她是我所知道的每一位家长。在这本书中，你将坐在前排，观看娜特和我之间长达数月的家长会谈。

娜特将了解她的孩子为什么会有这样的行为。她还将了解自己在改变孩子行为方面的重要作用——不仅仅是她做什么，更重要的是她如何做。通过向你——读者，提供这种内部视角，你将真切地了解娜特学到了什么，而且是以她学习的方式：即在关系中学习。

每一章都将从娜特在我办公室的工作开始，我在每一页上呈现了与娜特沟通的方式，就像我在办公室里与她交谈一样，这就是为什么我称她为"你"。我的意图是让你感觉到这些咨询会谈实际上发生在我和你之间。为什么？因为这就是大脑发生变化的方式。

如果你打算花几个小时来阅读这本书，我希望你能够实际使用你将要学习到的工具。所以我以这种将会改变你的方式来写这本书。

在每一章中，在家长咨询会谈结束后，我都会按照你对这种书的期望，进一步阐述这一章里的概念。在这些部分，我是真的在和你说话。真实的你，而不是那个在娜特角色中的你。你看过《大魔城》（*The Neverending Story*）吗？还记得塞巴斯蒂安在故事中的感觉吗？这个故事在他心中变得生动起来。这改变了他。我希望在这本书中，你会觉得自己活在故事中。

你最不需要的是另一种常见的育儿书，那种只告诉你应该怎么做，而不是让它活在你体内并创造真正改变的书。

再跟我说说

"接下来的两个小时是专门为你和我在一起而预留的，"我一边说，一边放松地靠在我的转椅上，"当你离开这里时，我希望你对于将来与我一起工作有一个良好的感觉，这样你就可以决定是否愿意跟我工作。只要你想的话，我想确保你理解我所采用的方法，以及你在家庭发生的任何变化中的重要性。这听起来怎么样？"

"哦，我已经知道我们想和你一起工作了，"你说，"我们家需要你。"

"听起来情况很艰难，你希望和我的工作正是你的家人所需要的。"

"是的……事情太难了。我的意思是，我知道会很难，我们得参加所有那些课程，甚至在等待收养申请通过时写一份读书报告。社工明确表示，我们的个案并不容易处理，但我不知道会这么难。"我看到你的眼眶里充满泪水，"我不知道要让萨米得到她需要的帮助会这么难。我就是不知道我们还能坚持多久。"

"我从很多家庭那里听到过这样的话。我很高兴你来到这里，而且还没有放弃。与像你这样的家庭工作真的是我的荣幸，我会尽我所能帮助你。你能更详细地告诉我发生了什么，以及什么促使你寻求帮助吗？"

我们从你需要的地方开始。我听到了你的故事，无论长短。

当你告诉我你的孩子的"怪异"行为时，我看着你的眼睛和身体。当她根本不会有任何麻烦的时候，她在微不足道的事情上撒谎；她跟比她年纪小得多的孩子一起玩；她完全不知道怎么玩。她会突然迸发出不知从哪里冒出来的攻击性，让你感觉自己像是家里的人质。你的孩子完全拒绝做任何事情——哪怕有时只是回答你的问题。我看着你的肩膀绷紧，望着远方，你说话的声音高了一点儿，速度也快了一点儿。

你告诉我，你的另一个孩子有时害怕离开她自己的卧室。

你告诉我，你和你的伴侣的沟通，只剩下了批评对方处理事情的方式，但实际上，你们都不知道该怎么办。

你告诉我，你试过奖励图表、限时管理方案，甚至出于绝望尝试过打屁股。你告诉我，你是如何去见治疗师的，然后他们给出与上一位治疗师相互矛盾的建议。他们告诉你，这是你的错，或者这不是你的错，或者你太严格了，又或者你不够严格。

然后他们告诉你，他们再也帮不了你了。

"谢谢你，"我说，"谢谢你再次分享你的故事，也谢谢你相信我可以承载得住你的故事。"过了一会儿，我说，"这是我听到的。如果我说得对，请告诉我。你的孩子的身体和神经系统，以及她的行为，都有这种感觉。"我伸手去拿我的白板，画了一些锯齿状的线（见图1-1）。

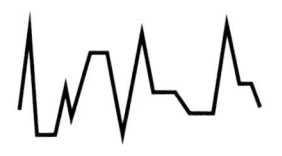

图 1-1

我抬头看看你的眼睛，确定我们依然保持着连接。你睁大了眼睛，点头表示同意。

"通过我与萨米和你家庭的工作，我们将致力于帮助萨米的身体和行为看起来更像这样。"我画了一条下面的新的曲线（见图1-2）。

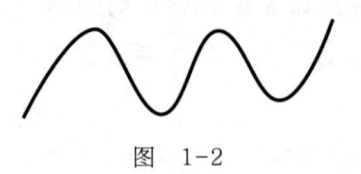

图 1-2

"那将会是一个奇迹。"你说。

"是的，那肯定会像是一个奇迹。但大脑、身体和神经系统总是可以得到治疗和改变的。只是和一个身体感觉很像这样（指着上面的一组锯齿状线条）的人生活在一起，就已经让你的神经系统有了完全相同的感觉。"

你又用力点了点头，伴随着一声松了一口气的叹息。

"当然会这样！"我大声说，"就是这样，我的意思是，你也是人。当你的神经系统看起来一样疯狂的时候，很难帮助你孩子的神经系统改变。"

你笑了。我认为这是你在表达"是的"。

"幸运的是，"我继续说，"我不和萨米住在一起。"更多的笑声。"因为我不和她住在一起，我的神经系统看起来更像下面这条线。我非常努力地确保如此。所以当我们在一起时，我和你，我会保持很好的情绪调节。你相信吗，只要我们在一起，就可以开始帮助你的神经系统改变。将会有一天，你来到我这里，告诉我，你能在脑海中听到我的声音，我们会一起高兴，因为治疗过程正在发生作用!

"最终,无论萨米的行为多令人困扰或沮丧,你也将能够与自己保持更多的连接。你将与你"负责思考"的大脑保持更多的连接,我通常称之为猫头鹰大脑。你将能够以一种新的方式对萨米的行为做出反应。随着时间的推移,萨米的大脑、身体和神经系统,是的,她的行为,也将开始改变。"

在我们结束第一次会谈之前,我告诉你,我不会总能知道答案,有时,我会像你一样困惑于萨米的行为。有时,我甚至会对她的行为感到恼火或愤怒。我告诉你,我的工作是想办法用我自己的愤怒作为线索,让我保持好奇。我告诉你,在这段旅程中,只要你愿意,我就会和你走在一起,即使我不知道下一步该做什么。我告诉你,关于如何帮助改变萨米的行为,我的确有一些想法,甚至是一些好主意,但最终,你是萨米最好的专家——当然,仅次于萨米本人。我告诉你,我会教你我对大脑的了解,你也会教我你对萨米的了解,我们会一起努力让事情变得更好。

你决定下星期会再来。

我非常感激。

行为到底是什么

大约十年前,我坐在一间会议室的后排,听到作家、治疗师和人际神经生物学（Interpersonal Neurobiology，IPNB）专家邦尼·巴德诺赫（Bonnie Badenoch）说"没有任何行为是适应不良的"时，差点被酒店里不温不热的咖啡呛到。

哈？

直到那一刻，我还用"适应不良"这个词来形容来到我办公室的孩子们的挑战性、令人不知所措和令人困惑的行为。这些孩子曾去过其他治疗师的办公室，但仍因各种行为被幼儿园开除。

我以为"适应不良"是一个宽厚的词。

"适应不良"一词隐含着将这些行为理解为保护性应对行为。这些行为一度是孩子为了保持健康状态所需要的。他们当时是适应性的，但后来不再适应了。

那天晚上晚些时候，我打电话给一位同事，我们仔细思索了这个问题。我很尊重邦尼·巴德诺赫，觉得她知道自己在说什么。但是……不是适应不良吗？孩子说的异想天开的谎言？他们推翻桌子的行为？把大便弄得到处都是？这些行为对我来说似乎非常适应不良。

第二天，我在台上找到邦尼，问她是否提供咨询。她说她提供。这开始了我们之间的一种定期培训和咨询的关系，这种关系已经持续了十年，而且仍然很牢固。邦尼·巴德诺赫一直是我的向导、我的主要导师。现在，她成了我的朋友。

当然，她是对的，现在我明白，科学让她做出如此大胆、解放的声明。

没有行为是适应不良的

事实上，所有的行为都是合理的。

很难相信，对吧？

但这是真的。

即使是最荒谬和令人惊讶的行为也是合理的。即使这种行为让你晚上筋疲力尽地倒在床上，琢磨自己明天怎么可能再应对一整天，更不用说一直应对到你的孩子 18 岁了，这种行为也是合理的。

确实如此。所有的行为都是合理的。虽然它需要被约束在边界里，甚至需要被改变。但如果我们以它是合理的前提开始，我们往往会带着好奇而不是控制来看待行为。

好奇心开启了改变行为的道路，它必须始终伴我们左右。

从所有行为都是合理的这一真相开始，作为我与家庭工作的基础，我用三个核心信条解码并最终改变他们孩子最令人困扰甚至危险的行为。

我将在下面向你简要介绍这些信条。等本书写完，你就会明白我是如何得出这些结论的。更重要的是，这三条信条将彻底改变你对孩子行为的解释方式和你的反应方式。

1. 行为只是一个提示

行为只是我们从外在看到，帮助我们了解内在发生了什么的东西。我们很容易只关注于以任何可能的方式阻止不良行为，但不幸的是，这种方法让我们陷入了打地鼠的困境。有时我们让一种行为消失了，但随后又会出现另一种行为。这让我们时刻紧张，习惯性地过度警觉，而且，气疯了。

2. 我们都需要连接才能生存

孩子——人——需要其他人。我们都需要连接和关系。孩子们尤其需要大人才能生存！他们的大脑需要与人连接才能成长，而大脑最重要的目标是生存和成长。

你的孩子肯定让你很难与他们建立连接。即使当我不明白为什么一个孩子会拒绝连接，我也已经学会了保持好奇，并总是问自己："这是怎么回事？"是的，总是。

如果一个孩子的行为方式是拒绝或推开了连接，那就说明有些事情不对了。我们想试着解决问题。

3. 受调节、有连接、有安全感的孩子会表现良好

真的，他们会这样。他们不会完美。但是……会像正常孩子一样。我们相处的这段时间里，我会教你这个让我信服其真实性的大脑科学，但现在，我请你先只是相信我说的话。

你可能会怀疑所有的行为是否合理。你可能会对儿童发展专家罗斯·格林（Ross Greene）的观点持怀疑态度，他认为，孩子们会做得很好，只要可以的话。[1] 你当然会怀疑，我们在

西方育儿文化中所学到的一切都与此相反。

但你和你的孩子都没有任何不妥。

毫无疑问，你的家庭面临着一些重大挑战。从表面上看，我们可以很容易地看到，有些行为需要改变。

我们必须穿越表面，深入理解，这些行为的存在是因为你的孩子正在受伤。我认为他们受伤的程度与他们行为的强度直接相关。

我确实希望你的孩子的行为有所改变，但更重要的是，我希望他们受到的伤害能被看到、知道、尊重、拥抱和治愈。当这些发生的时候，他们的行为会有所改善。我相信这是真的，因为这就是人类运作的方式。

你比你想象的更重要

你是孩子治愈之旅中极其重要的一部分，不是因为他们的痛苦是你的错，也不是因为疗愈他们是你的责任。改变别人从来都不是任何人的责任，这甚至是不可能的。

你是孩子治愈之旅中极其重要的一部分，因为治愈发生在关系中。

孩子和他们的父母每周最多只能有一个小时来和我建立关系。剩下的时间呢？好吧，是父母跟他们建立关系。这并不是为了给你施加压力，这只是事实。毕竟，我不会和你一起住的！

"知道"连成功的一半都算不上

我们刚认识,但在某种程度上,我已经认识你了。我认识你,是因为我认识那些会拿起这本书的父母。

这是一个母亲的故事,娜特,她最终为她的孩子萨米找到了真正的帮助。娜特每周都来,告诉我她的故事,渴望我能看到她、相信她、帮助她。娜特和萨米的故事可能就是你的故事。细节不同,但故事是一样的。

你可能已经厌倦了阅读育儿书籍的循环:你读了一本育儿书,短暂地觉得自己被新的想法和技巧注入了力量,然后很快跌回现实生活中,觉得自己无法实施所学到的知识。就像你失败了,又一次。

这并不是因为你做错了什么。这是因为仅仅知道问题,甚至还没完成战斗的一半。

和其他育儿书籍一样,这本书会给你很多工具。但与其他育儿书籍不同,这本书会改变你。我只是碰巧知道大脑是如何变化的,它是在关系中变化的。事实证明,即使在作者和读者之间建立的关系中,变化也可能发生。

我写这本书不是为了给你更多的信息。你可以在任何地方得到它。我写这本书是为了让你和我建立关系。在我们的关系中,你的大脑会发生变化。你会在神经元(脑细胞)之间建立更多更强的连接,更多的神经元连接意味着更多的情绪调节。更多的情绪调节意味着你将能够以你想要的方式为人父母,就像你已经是的那种父母一样。

还记得我的一个核心信条是，受调节、有连接、有安全感的孩子会表现良好吗？父母也是如此。

受调节、有连接、有安全感的父母，可以更好地为人父母，以他们想要的方式，用与他们的价值观相匹配的方式。

没那么容易

毫无疑问，为有令人不知所措、怪异、令人困惑的和拒绝行为的儿童提供安全和连接并不容易。试图与这个孩子建立连接，就像试图与一只脾气暴躁的负鼠建立连接。

或者可能是一只超级害怕的看门狗。

不过，我们现在知道，这并非不可能。我们知道大脑中发生了什么，导致人们觉得连接是危险的。生存也需要连接。如果我生存所需的东西也极其危险，我也会表现得有点怪异。

我是如何来到这里的

当我读研究生的时候，我不打算做那种会让我日夜工作、出现重重的黑眼圈的工作。然而，在我职业生涯的早期，有一天，我引人注目地离开了办公室。是的，一个小孩把我的眼睛打出了黑眼圈，当我在工作的时候。

"没人教我怎么做我的工作。"我在回家的路上想。当时，和现在来我办公室的许多家长一样，我对与神经系统脆弱、高度紧张和失调的孩子一起工作毫无准备。给我黑眼圈的孩子不是坏孩子,甚至不是暴力的孩子。事实上,这完全是一场意外。这个孩子极度失调,老实说,我当时所知道的策略只会让失调变得更糟。孩子的情绪越来越紧张激烈,然后我就受伤了。

我在研究生期间和早年的训练中学到了很多工具,比如奖励表和正强化,但所有这些都不起作用。我完全不知道是什么导致了这些激烈的、有时甚至是极其怪异的行为。我知道这是"创伤",但我真的不知道这意味着什么。创伤是如何造成这些行为的?我不想有人仅仅是告诉我该怎么做才能避免黑眼圈。我想知道为什么那个孩子的行为是那样的。

幸运的是,在一个相当不错的年代,我成了一名治疗师。

2001年,当我完成本科学位时,发生了两件重要的事情。世纪之交结束了美国总统乔治·H. W. 布什所说的"脑的十年"。我们学习了很多关于大脑的知识!大约在同一时间,科罗拉多州的一名儿童死于一项干预措施,该措施旨在治疗她的反应性依恋障碍的症状。[2]虽然这名儿童的死亡是一个极端的结果,但它反映了绝望的治疗师和父母所使用的控制、胁迫、危险的做法,因为他们完全不知道该如何处理这个孩子失控的行为。

随着对大脑的新理解,人们对这些孩子为什么会有极具挑战性、怪异甚至危险的行为有了新的理解。我很幸运。当我带着黑眼圈离开办公室时,我痴迷地寻找任何能帮助我理解这种行为的东西——然后我发现了一些东西。

关系神经科学

我发现了人际神经生物学和关系神经科学的新兴领域——行为、社会和情感大脑的研究。最终，我痴迷的搜索让我带着糟糕的酒店咖啡参加了邦尼·巴德诺赫的会议。我慢慢地开始理解这些孩子的行为为什么会是那样。当我了解了他们的大脑、身体和神经系统发生了什么，我就意识到改变孩子的行为实际上不是我的目标。它怎么可能是我的目标呢？我无法掌控任何其他人的行为。我的意思是，我甚至不觉得可以掌控得了自己的行为。

随着我对行为背后的东西的理解越来越深入，我意识到重要的不是装满工具的工具箱，而是知道何时使用什么工具，以及为什么使用。否则，一个完整的工具箱只会加剧无休止的打地鼠游戏。

与我一起工作的父母需要更多的工具，但更重要的是，他们需要有人能帮助他们了解孩子正在发生的状况。他们需要理解一些基本的大脑发育，以及一些关于自主神经系统的知识。当我教授父母关于大脑的知识时，他们对我的依赖性就降低了。他们不必拼命在搜索引擎上搜索，然后从社交软件上可以找到的所有著名育儿专家那里筛选出无穷无尽的相互矛盾的建议。

> 如果你给一个饥饿的人一条鱼，你只是喂他们一天的食物。如果你教那个人钓鱼，你就可以让他们一辈子饱腹。[3]

我希望让你成为你的孩子的专家。没有人比你更了解他们——当然，除了你的孩子。我碰巧知道很多关于大脑、自主神经系统的知识，以及这些知识与孩子行为之间的关系。我将教你关于大脑的知识，并教你一些新的育儿工具。然后，你可以把你对孩子的了解与我教给你的关于大脑的知识结合起来。在那之后，你就可以"饱腹"一辈子了。

我们开始吧？

（非常）基本的大脑发育过程

自下而上、自内而外

大脑是自下而上、自内而外发育的。这意味着大脑中最底部、最内部的部分首先发育，最顶部、最外部的部分最后发育。如果你是一名神经科学家，你会立刻知道我对大脑发育的概述过于简单化了。幸运的是，这本书并不是让你学习如何做脑科手术！这种对大脑发育和结构的过于简单化的理解，足以帮助我们发展丹·西格尔（Dan Siegel）所说的"思维洞察力"[4]——反思我们内心世界正在发生的事情，理解它并最终改变它的能力，如果我们想的话。

脑干

脑干是大脑发育的第一部分。它位于大脑底部，在大脑深处，将大脑连接到脊髓顶部（见图 1-3）。我们的脑干负责身体所有不需我们思考的事情，如心率、消化、呼吸和能量。脑干在子宫内迅速发育，对于健康的足月婴儿而言，出生时大部分都已成长好并随时可以使用。出生后，婴儿在没有任何帮助的情况下，就可以呼吸和有心跳。其他自主功能仍在发育中。出生后很长一段时间内，睡眠、消化和体温调节是婴儿脑海中浮现的少数几件事。这就是为什么我们在婴儿出生后的几个月里用衣服把他们紧裹起来。最终我们可以去掉所有多余的包裹！

图 1-3

脑干为我们的身体提供完成任务所需的能量。当该休息的时候，它也会减少能量。这样想：脑干可以踩下油门来提供更多的能量，也可以踩下刹车来减少能量。婴儿知道如何拥有能量及如何休息。他们会几乎立即哭泣，而且绝对不会有入睡困难。婴儿需要帮助的是，在能量和休息之间来回转换。脑干在出生后继续发育，而照顾者帮助婴儿平静下来。最终，脑干中的能量稳定下来，形成一种良好的节奏。

边缘区域

随着大脑自下而上、自内而外的发育越来越清晰，通常被称为边缘区域的脑区开始迅速增加神经连接。如果脑干位于大脑底部和深处,大脑皮层一直包裹在大脑外部,那么边缘区域就位于两者之间(见图 1-4)。边缘区域涉及关系、情感、依恋等。脑干和边缘区域都由基因启动,通过关系经验进行发展。[5] 这意味着大脑的这些区域是为了在关系中发展而设计的。事实上,即使婴儿有足够的食物、水和安全的住所,让他们独处而没有足够的关系体验也会对他们的大脑发育产生毁灭性的影响。我认为,当照顾者温柔而慈爱地抱起婴儿并安抚婴儿的哭泣时,他们对婴儿大脑发育的影响是非常令人敬畏的。

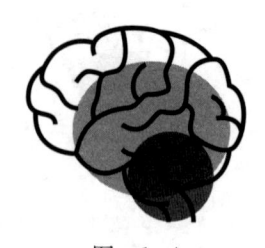

图 1-4

婴儿出生后头 18 个月的这段关键时期为人际关系绘制了一张地图。当婴儿体验到安全、可预测和充满爱的照顾时,他们会学会期望关系是安全的、可预测的和充满爱的。这会影响孩子未来寻求的关系类型,他们会寻找不辜负他们对一段关系期望的朋友和浪漫伴侣。

大脑的边缘区域总是在关注它们是否安全。当婴儿感到安全时,大脑就会专注于成长和发育。如果婴儿花了很多时间却感到不安全,他们的大脑可能会过度专注于维持生命的任务,以至于发展的其他重要方面都会延迟。

大脑皮质

　　大脑最后一个启动的部分是大脑皮质。如果我们打开头骨，看到大脑的最外部，我们就会看到大脑皮质。你在大脑外层看到的所有脊和褶皱，那就是大脑皮质（见图1-5）。大脑皮质负责复杂的任务，如推理、逻辑和理解因果关系。它在婴儿18～36个月大时迅速发育。如果你曾经养育过一个学步儿，你就会知道这是他的语言开始爆发的时候。他会不断在问："为什么？为什么？为什么？为什么？"

图　1-5

　　大脑的最外面部分在孩子36个月大的时候并没有发育完成！谢天谢地！如果我们只有三岁孩子的冲动控制能力，生活确实会很棘手。当我们路过一个人在餐馆吃甜点时，与其仅仅评论一下他的芝士蛋糕看起来有多美味，我们可能会把它抢过来吃掉！幸运的是，大脑的所有这些部分在成年后都能继续生长发育。更重要的是，大脑所有这些部分之间的连接在我们的一生中不断增长和发展。

创伤和毒性压力

浅谈创伤和毒性压力

在"如何成为孩子行为方面的专家"的第一部分中,我将先为你提供一些关于大脑和神经系统不同部分如何发育的见解。然后,我将为你提供一些关于创伤和毒性压力如何影响发育中的大脑和神经系统的见解。

简而言之,创伤和毒性压力会导致儿童大脑和压力反应系统发育的脆弱性。这些脆弱性是导致你选择看这本书描述的那些怪异行为的因素之一。

还有其他经历会导致敏感的压力反应系统,但我最有经验的是与深受创伤和毒性压力影响的儿童工作。

你可能会问:"什么是创伤?"斯蒂芬·波格斯(Stephen Porges)博士在邦尼·巴德诺赫的《创伤之心》一书的前言中指出,创伤是一种破坏我们感到安全的能力的东西。[6]因此,创伤的治疗是帮助患者体验到安全感。

创伤是主观的,但我曾与那些表现出创伤症状的儿童打过交道,他们经历过性虐待、身体虐待、忽视、收养、孤儿院护理、医疗救护、跨国搬家、离婚以及,哦,是的,大规模流行病。创伤还包括因(但不限于)种族、性别、性取向和能力而遭受压迫、边缘化和"他者化"的经历。

坦率地说,我对定义创伤和毒性压力并不太感兴趣,这太主观了。对一个人有创伤的东西可能对另一个人不是创伤。事实上，有些人经历了我们大多数人甚至无法想象的创伤，但这并不能否定那些看似较小但长期的创伤影响，即被忽视和我们的关系需求得不到满足。我认为，我们可以承认尤瓦尔迪校园枪击案的家庭和幸存者体验到的毁灭性打击，同时也承认作为白人家庭和社区中唯一的棕色人种儿童所带来的创伤。有时候，感觉仅仅是做一个人就有很多创伤。

我的整个职业生涯都在与经历过复杂性或发展性创伤的孩子一起工作。这是发生在照顾关系中的创伤，并在持续的时间内反复发生。复杂的发展性创伤可能包括身体虐待或性虐待，也可能包括忽视。在本书的语境中，创伤和毒性压力是指对依恋和照顾系统的任何破坏，导致发展中的儿童处于长期的不确定性状态，并且没有一个安全、有保障的成年人的协同调节。

创伤和毒性压力对大脑发育的影响

大脑依据它正在经历的事情发育。当婴儿在一个鼓励好奇心和探索的环境中时，他体验到安全、关爱和滋养的照顾，就会发育出一个期待安全和关爱关系的大脑。他的大脑享受着有趣的学习，并寻求新的体验。他发育出一个强大的大脑基础（脑干），为身体提供所需的能量，既不多也不少。

当婴儿的大脑在创伤、毒性压力、危险和混乱的环境中发育时，大脑会围绕这些创伤、毒性压力、危险和混乱进行组织和发育。它预期危险并发展出强有力的保护性行为。脑干的节律是混乱的，而不是可预测的，有时它给身体提供的能量太多或太少。这就变成了一个在捉迷藏游戏中殴打朋友的孩子（太多能量），或者一个因为你提醒他做家务就眼神空洞呆滞的孩子（太少能量）。

一栋建在沙子上的两层楼房会在地震中倒塌。大脑也是如此。高级皮质和边缘区域可能会在一点压力下就塌陷——而压力反应系统更具韧性的儿童可以承受这种压力。更糟糕的是，与这个孩子建立连接似乎一点儿帮助都没有。事实上，这个孩子似乎最不想要的就是连接。

记住，我们工作的出发点是，所有行为都是有道理的。因此，首先，我将帮助你了解你的孩子为何是这样的。然后，我将教你一些具体的工具，这些工具可以与你对于孩子大脑的新理解相配合使用。通过练习，你将学会如何以及何时使用它们，而且你将能够想出自己的好主意。你不仅会对你的孩子，而且会对你自己充满关怀。而且，你会坐在我与娜特咨询工作的前排座位上，体验这一切。

听起来怎么样？还不错？好，我们出发吧！

第 2 章

连接或保护：感觉安全的科学

"每当我们考虑如何应对挑战性行为时，"我说，"我们总是会从思考萨米的神经系统开始。"

你疑惑地看着我。这是我们的第二次咨询，今天有很多内容要介绍。我为你准备了一杯加了奶油的热咖啡，我向你示意这是你的，你端起杯子，很惊讶。"谢谢。"

"神经系统有两种模式，"我继续说道，"连接模式和保护模式。当我们感到安全时，我们会进入连接模式。但一旦当我们感觉到某些东西可能不安全时，我们就会转入保护模式。"

你喝了一口咖啡，慢慢地点头，思考着。

"连接和保护是互斥的。你要么处于这一种模式，要么处于另一种模式，不可能处于两者之间。这基本上就像一个电灯开关。但一旦开关被打开，你处于保护模式后，它的工作原理就像我厨房里的调光开关。你可以一点点处于保护模式中,也可以很强烈地处于保护模式中。

"当萨米的神经系统处于连接模式时,你认为我们最有可能看到什么样的行为?"

"嗯,我喜欢的行为?"你不确定地问道。

"是的!"我能感觉到我脸上展露出笑容,"没错!那么,当萨米的神经系统处于保护模式时,你认为我们更有可能看到什么样的行为?"

"我不喜欢的行为!"现在你也笑了,我们一起笑。这次交流向我表明,你也处于连接模式。

"没错。所以,假设我们正在努力理解萨米的一种行为,这种行为让人感到沮丧,或不知所措,又或者完全令人困惑。比如她在一些无关紧要的事情上撒谎,或者对每件事都不合作,又或者打她的同学。"

"或者打我。"你叹一口气说。

"对。或者打你。"我同意,"这些都是挑战性的行为,当它们发生时,我们想停下来问问自己,为什么萨米的神经系统处于保护模式。然后我们会很好奇,想知道你能否做些什么来帮助她进入连接模式。"

"哦,这听起来很简单。"你说道。你的意思显然相反。

"嗯,这是很简单的。"我说,"但这并不容易。"

"等等。"当你有这样一个"啊哈"的领悟时刻时,你的目光闪烁着,"你是在告诉我,当我们看到她的这些行为时,萨米是在感觉不安全吗?"

"是的。"

"所以基本上,她几乎从不感到安全?"

我深吸一口气,轻声说话,试图表达我的同理心。"听起来好像萨米几乎总是行为不良?几乎总是处于保护模式?"你耸耸肩表示:是的。

"天哪,"我说,"这太累人了,对你们所有人而言。人不应该长期处于保护模式,当我们被困在那里时,这对我们的身体,和我们周围的每个人来说,都是非常、非常困难的。"

"但她为什么感觉不安全呢?"你问道,现在听起来很沮丧,"她还是学步儿时就在我们家了——她甚至不记得来我们家以前的任何事情。我们是安全的人!当我告诉她刷牙的时间到了,她没有面临任何危险,但她会把牙刷扔在地板上,像野兽一样对我大喊大叫。这完全没有道理!"

"这没有道理,"我同意道,"除非我们理解大脑是如何工作的,理解它是如何确定我们是否安全的。然后我们会意识到,实际上所有的行为都是有道理的。我们总是可以相信萨米的行为正在告诉我们,她的神经系统处于什么模式:连接还是保护。处于安全中和感觉到安全不是一回事。"

感觉安全

据我所知,感觉安全(felt safety)是由艾伦·斯鲁菲(Alan Sroufe)博士首次引入依恋理论文献的术语。斯鲁菲博士拥有临床心理学博士学位，是国际公认的依恋理论研究领导者。大约 50 年前，他使用"感觉到的安全感"一词来描述基于三个因素的孩子的主观体验：内部体验、环境和照顾者。[1]

约翰·鲍尔比（John Bowlby）博士是一位英国心理学家，他在 20 世纪 50 年代的工作为他赢得了依恋理论之父的声誉。鲍尔比博士写道，孩子总是本能地评估照顾者的情绪可得性——不仅在特定的时间点，而且在他们与照顾者相处的整个历程中。[2]

几十年的相关研究和文献描述了我们现在认为理所当然的事情：孩子是否感觉安全是主观的。它受到他们的环境、他们的照顾者、他们的内心世界和他们成长经历的影响。当然，客观地说，也许孩子的看护人在特定时刻是安全的、可靠的，但是，如果这个孩子与这个照顾者有过多次重复的不安全或被忽略的经历，这个孩子可能无法完全感受到他的照顾者在当下是安全的。

神经感知

20 世纪 90 年代初，斯蒂芬·波格斯博士引入了神经感知的概念。[3] 心理学家和神经科学家波格斯博士研究考察了人类的情绪、压力和行为，他断言神经系统持续不断地就我们是否安全做出闪电般的决定。真正以身体体会到，神经系统对安全与否做决定的速度有多快，这是很重要的，所以让我们暂停一下。

波格斯博士断言，神经系统不断地问"安全还是不安全"，但为了真正量化这一点,我们先假设神经系统每秒问四次"安全还是不安全"。事实上,你现在就大声把这个问题说出来:"安全还是不安全?"猜猜你说了多长时间。一秒?二秒?在你说"安全还是不安全"的时间里,你的神经系统至少做出了四次决定,甚至可能是八次!当然,由于它的询问频率如此之高,根据我们神经系统不断处理的内隐数据,这个决定可能会在瞬间发生变化。

内隐数据指的是我们大脑注意到和处理的所有事情,估计每秒大约有 1100 万比特的数据。[4] 1100 万!这是一个如此巨大的数字,我真的很难想象。显然,我们不可能把注意力放在所有这些事情上。事实上,在每秒 1100 万比特的数据中,我们只能觉察到 6~50 个比特。

所有这些输入的数据都有助于我们的大脑在生活的每一刻都检测到安全性(或缺乏安全性)。这种安全检测系统——我们的蜘蛛感知觉——就是波格斯博士所说的神经感知。

连接或保护

当我们的神经系统认为大多数传入的信息是安全的时,它会使我们处于连接模式。连接模式实际上是我们的默认模式,这是我们的偏好模式。

而当我们的神经系统认为大多数输入的信息不安全时,"危险-危险"系统就会"上线",并将我们转入保护模式。我可以保证,当孩子的神经系统处于保护模式时,孩子就会出现那些你希望改变的行为。

把"危险-危险"系统想象成一只可爱的小看门狗，它生活在孩子的脑海中。只要有任何可能的危险迹象，看门狗就会警觉起来。看门狗首先想知道，"这是真正的危险还是虚惊一场？"如果这是真的危险，那么看门狗会非常认真地对待自己的工作，并会尽一切努力保护孩子。

一个处于保护模式的神经系统正在努力保持安全。对抗和违抗？这些行为会说："我不相信这种情况，我需要保持控制才能安全。"言语还是身体攻击？这些都是保护行为，对吧？

我知道，当你的孩子没有任何理由认为他们处于危险中或需要保护自己时，他们也会有这些行为——对抗、违抗、控制、攻击等！

尽管如此，这些行为告诉我们，你的孩子正处于保护模式，即使还不清楚为什么。如果我们想让我们的孩子有连接行为，我们必须好奇他们为什么处于保护模式，然后为他们提供转变为连接模式的机会。我们希望帮助他们的"危险-危险"系统感觉到被邀请进入安全模式。

我知道。说起来容易做起来难！最终，是否接受安全邀请，是他们的决定。

内部、外部和之间

波格斯博士的研究同样指出，神经系统通过扫描三个地方来寻找安全和危险的线索：内心世界、环境和照顾者，证实了斯鲁菲博士的理论。

德布·达娜（Deb Dana）是一名有执照的临床社会工作者，她与波格斯博士密切合作，她采用了他的神经感知概念[5]，将其翻译给我们这些不是脑科学家的人听。[6] 她将这三种意识流称为内部、外部和之间。

这更吸引人，也更容易记住。内部、外部和之间。

内部

我们的神经系统总是在追踪我们身体里发生的事情。我们饿了吗？疲倦吗？需要小便吗？任何这些线索都会使神经系统进入保护模式，让我们感到不安全。为什么？因为不安全的感觉可以促使我们采取行动，满足我们的需求。

我们总想尽快恢复连接模式。我们因为饿了而切换到保护模式，意味着我们会去寻找零食，然后回来恢复到连接模式。也许你见过有人"饿怒"（因为饿了而变得愤怒）。事情就是这样发生的——面对身体发出的"现在就找食物"信息，他们无法保持连接模式。

还记得上次你特别着急要上厕所的感觉吗？你非常专注于解决这个问题，可能没有太多时间去考虑友善或善良。是的，我们都很熟悉在累的时候变得暴躁的感觉。

然而，我们和孩子的身体里发生的事情远不止饿、累或需要小便。我们的心脏在跳动，我们的肺在呼吸，我们的体温在调节。我们的免疫系统正在努力保持平衡，有时会因为感冒或感染而启动工作。一些身体会产生慢性免疫反应，给我们带来如 PANS、PANDAS 或莱姆病的疾病。

这些内在体验中的任何一种都会使我们的身体进入保护模式。例如，当我们的体温调节关闭时，我们身体的调节系统就会开始修复它。免疫反应会向全身发出信号，基本上是在表示："这里出了问题！让我们团结起来，与之战斗！"这个过程可以将神经系统转为保护模式。如果一个身体有慢性或持续的免疫反应，它会花很多时间处于保护模式。

理想情况下，婴儿可以有很多有趣的、让他们的心率加快的体验：玩躲猫猫，开碰碰车撞翻碉楼，或者被抛到空中，被安全的照顾者大笑着接住。随着婴儿年龄的增长，他们的照顾者会与他们摔跤、玩捉迷藏游戏，或者可能会一起在蹦床上跳。这些孩子了解到，心率增加的感觉意味着他们很安全，玩得很开心。

但是，那些与照顾者没有太多有趣体验的婴儿呢？那些婴儿没有学会玩安全和有趣的游戏。相反，他们了解到心率快只意味着"危险-危险"。然后，他们成长为那种在课间休息时很快就从玩得开心变成了殴打朋友的孩子。

外部

我们本能地理解，我们的环境对我们的感受有着重大影响。我们装饰我们的家，布置学校的教室，或者坐在瀑布旁，以调节我们的情绪和行动。

我们的环境有力量帮助我们感到安全。我的办公室里有一幅孔雀艺术画，它鲜艳的颜色和纹理给我带来了欢乐的感觉，因此也给我的身体带来了安全的感觉。我丈夫把他音乐室的光线调昏暗，只有一盏灯，里面有一个红灯泡。这种照明给他带来了一种平静的感觉，因此也给他的身体带来了安全感。

我们从环境中处理的感官信息——事物的声音、气味、外观、感觉甚至味道——可以使我们的神经系统在体验安全感的过程中进进出出。这个过程取决于很多事情！我们独特的神经系统喜欢这种感觉还是那种感觉？它需要更多还是更少？

具有非典型独特感知觉处理系统或神经发散性大脑的婴儿，将来可能被标记为自闭症、发育迟缓、注意缺陷多动障碍（attention-deficit hyperactivity disorder，ADHD），甚至是天才（这些只是其中的一些例子），他们经常会经历与环境甚至善意照顾者不匹配的情况。如果这种不匹配经常发生，他们发育中的神经系统就会开始长期处于保护模式。

我们的神经系统也喜欢确切地知道我们的环境中有什么。请不要惊讶！一天，一位新来访者把我墙上的装裱艺术画拿下来，看看它背后有什么。她的神经系统驱使她去寻找危险。当她发现画的背后除了墙没有别的东西时，她觉得更安全一些。出于同样的原因，我总是向新来访者展示我办公室里关着的门和窗帘后有什么东西：帮助他们的神经系统脱离保护模式。

另一个环境安全提示是门或窗户，我们的大脑将其视为逃生路线。想象一下，当有人把你的眼睛蒙上，带你去一个你从未去过的新地方。当你摘下眼罩时，你发现自己身处一个没有窗户或门的房间。你不会喜欢这个情境的——你也不应该喜欢！你的神经系统会进入保护模式，你会感到不安。

之间

除了检查内部（身体）和外部（环境），神经感知还会检查你和周围的人之间发生了什么。对于年幼的孩子来说，神经感知主要集中在照顾他们的成年人身上。孩子的确需要成年人来帮助他们生存。

如果孩子的神经感知能说话，它会问成年人这样明确的问题："你会伤害我吗？还是你过去已经伤害过我？"

它还将提出以下问题：

- 你（照顾者）现在和我在一起吗？
- 你专注吗？
- 你是看起来似乎了解我，还是你想了解我？
- 你现在的行为方式是可以预测的吗？对我来说是有道理的吗？
- 你的神经系统处于保护模式还是连接模式？

孩子的神经感知拥有蜘蛛般的感知觉，知道他们的照顾者是处于保护模式还是连接模式。他们通常不知道自己知道，但他们的确知道。

事实上，我们都有这种蜘蛛般的感知觉。当我们和一个神经系统处于保护模式的人在一起时，我们会将其视为危险的线索，我们自己的神经系统也会进入保护模式。为什么？嗯，处于保护模式的人类可能很危险。他们是不可预测的，不专注于关系，他们专注于保护自己。如果我们和一个神经系统处于保护模式的人在一起，我们会自己切换到保护模式，以保持对潜在危险的警惕。

在此暂停片刻。这些信息太沉重了。

也许你已经注意到了这里的讽刺：你的孩子的神经感知在一定程度上，是基于你的神经系统的安全感来判断安全或危险的。我敢打赌你的神经系统现在感觉有点儿不舒服。有时——也许很多时候——它处于保护模式。

你自己的神经系统有很长时间处于保护模式，这是完全合理的。这里没有评判，只有怜悯。和你的孩子一样，你的神经系统被困在保护模式中，让人筋疲力尽。不幸的是，当你的孩子全神贯注于你对他们的安全（或不安全）的感觉时，他们很难沉浸在安全感中。

我知道。这太沉重了。这是一种负担。这是不公平的。

但这也是科学。我在这本书的整整一部分（第三部分）中都致力于帮助你的神经系统在连接模式里停留得更久。如果你觉得这正是你所需要的，你甚至可以向后翻，现在就阅读那一部分。如果你能给予自己关爱和怜悯，那将是一个多好的礼物啊。

"但是,没有什么是不安全的!"

我也是一名家长,我完全理解,现在,你可能想大喊:"他的行为表明他感到不安全是什么意思?这里没有发生任何不安全的事情!"

就像你电脑上的杀毒软件一样,你孩子的神经系统不断地对这三个地方——内部、外部和之间——进行背景扫描,寻找恶意软件(危险)。大脑每秒都要对数百万比特的感官信息数据进行分类和处理。每秒有数百万个数据点。你能想象我们的孩子正在体验多少输入的感官信息吗?

但是,等等!还要补充上另外一层复杂的情况。

我们的大脑最重要的工作是维持我们的生命,在一定程度上,这是通过管理能量来实现的。我们的大脑不是用精力对现在发生的每一件事做出反应,而是使用预测来预计和准备接下来会发生的事。[7]事实上,我们对现实的感知有80%以上是基于我们对过去发生的事情的回忆。[8]

想象一下这个图景:我们脑海中有一条信息流,它包含了我们过去的所有体验。我们脑海中的另一条信息流包含了我们目前正在经历的1100万比特的感官数据。这些溪流融合在一起,形成了一条河,成为我们自己独特的现实。

是的,我们所有人都在不断地创造自己的现实。我、你、你的孩子,还有所有其他人。

现在,让我们想象一下,在过去的信息流中,有很多可怕的事情。很多大喊大叫和刻薄的面孔。很多不适,但没有多少安慰。还记得我说过大脑主要专注于维持我们的生命吗？这种专注会导致大脑优先考虑危险的线索，这种优先级的选择如此强烈，以至于即使危险已经过去，大脑仍然会对此做出反应。大脑对很久以前的危险的关注将过去的溪流变成了一场汹涌的海啸，淹没了现在的溪流。

所以，是的，基于你的头脑创造现实的方式，你和你的孩子现在是安全的。但我们的头脑各自不同，你的孩子对这个现实时刻的体验很可能是，他们不安全。呼唤保护模式。

一切行为都是合理的

我知道你的孩子有一些挑战性的行为，这些行为似乎毫无道理。他们的行为与你对现实的体验不符。但我向你保证，这些行为与他们的体验相匹配。

这就是大脑的工作方式：我们创造，然后再应对我们自己的现实。

当我开始完全理解和具体表现这个真理时，我的治疗实践发生了巨大的变化。事实上，我作为母亲、妻子、朋友，甚至作为杂货店的顾客的体验也发生了同样的变化！我意识到，因保护模式而出现的行为不是针对个人的，也不能反映一个人的性格；它们反映了那个人的安全感。当我完全理解这个概念的时候，我变得不那么轻易评判别人，更善于为自己设定边界。现在，如果杂货店店员不友好，我会假设他们的神经系统感觉不安全，我不必把这种行为看作针对我个人的。如果我有心情，我可以用真诚的善意来回应——这是一个小小的举动，旨在培养世界上更多的安全感。

知道所有行为都是合理的，并不意味着所有行为都是可接受的、可理解的或可原谅的。这只是意味着这是有原因的，这一切都是合理的。

当我们认为一种行为是不合理的时，我们能体验到身体里不和谐的感觉：愤怒、沮丧、焦虑、绝望。任何一种感觉都会把我们推向保护模式。

但是，当我们认为一种行为确实是合理的时，即使我们不理解它，我们自己的神经系统也更有可能体验到安全。我们将在连接模式下停留更长时间。连接模式更健康，感觉更好，帮助我们做出更好的决定，设定更好的边界。

当然，这对我们的孩子也有好处。你知道他们需要被邀请进入安全状态吗？他们需要我们处于连接模式。

保持连接模式会给我们的身体带来一种轻松的感觉。它激发了我们的怜悯心和好奇心，让我们能够以一种帮助孩子体验安全感的方式对他们做出回应。

压力反应系统

布鲁斯·佩里（Bruce Perry）博士对压力反应系统的研究在理解孩子的怪异行为方面发挥着至关重要的作用，尤其是在所有行为都是合理的情况下。[9]当你的孩子的神经感知使他们的身体进入保护模式时,他们的压力反应系统就被激活了。激活压力反应系统不是坏事!压力反应系统帮助我们的大脑知道有一些非常重要的事情正在发生,需要关注。所有人类,尤其是婴儿和儿童,都会不断地接触到新的体验,这些体验会让大脑活跃起来,并问:"怎么了?这里发生了什么?我需要什么才能恢复平衡?"

佩里博士说,如果发育中的孩子的压力反应系统以可预测、适度和可控的方式被激活,[10]那么孩子就会发展出一个有弹性的压力反应系统。照顾者以可预测和一致的方式回应婴儿的频繁需求,并以这种方式促进复原力。随着婴儿的成长,他们会成为摔倒的学步儿,他们不得不服用不喜欢的、恶心的药物,或者被告知"不!你不能自己下楼梯"。这些类型的经历,即使会引发压力反应,但实际上对发育中的大脑也有好处,只要它们是可预测、适度和可控的。当这些学步儿成为青少年,在学校度过了糟糕的一天时,他们有一个压力反应系统,可以帮助他们在不发疯的情况下管理压力。

一些婴儿花了很长时间处于保护模式,他们的压力反应系统保持激活的时间太长。佩里博士指出,经历不可预测、长期和极端压力的婴儿更有可能发展出敏感和脆弱的压力反应系统。这些孩子对日常生活压力的反应,就好像他们的生命处于危险之中。他们的压力反应系统的敏感性正是向他们的大脑发出了这样的信息——他们的生命处于危险之中,因为你忘了把花生酱三明治的面包皮切掉。他们的反应就像一只有攻击性的看门狗,或者可能有完全相反的反应,像崩溃的负鼠一样装死。

创伤和毒性压力

大脑喜欢节能，不断评估安全性需要大量能量。最终，大脑开始想，如果答案几乎总是"不安全"的话，为什么要花能量来问"安全还是不安全"。

有创伤和毒性压力史的儿童拥有默认设置为"不安全"的大脑，即使有信息可以帮助大脑感到安全。还记得塑造我们现实的两股信息流吗？对于这些孩子来说，他们过去的信息流充满了"不安全"的体验，它强有力地取代了现在的信息流。

大多数时候，我们的孩子不知道为什么他们感到不安全。他们就是感到不安全。

我们知道他们感到不安全，因为他们向我们展示了保护模式的行为，例如反抗和违抗等。他们粗鲁无礼，极不合作。他们在无关紧要的事情上撒谎，在未经允许的情况下就拿别人的东西，似乎很少考虑别人的感受。

或者，也许他们表现得非常愚蠢——这种愚蠢让人觉得困惑，因为他们在笑，但他们的行为一点儿也不好玩。也许他们时常发呆，看起来就像在自己的幻想世界里神游，有时甚至不记得你们刚才的对话或者他们在学校学到的东西。或者他们太顺从了，不假思索地对事情说"是"，甚至是危险的事情。

他们可能会表现出这些或其他令人困惑、令人不愉快的行为，这些行为肯定不是来自连接模式。你知道这不是连接模式，因为坦率地说，当他们有这样的行为时，你不想和他们连接在一起。

关于安全的科学

了解关于安全的科学首先要了解自主神经系统。自主神经系统主要由脑干控制，它负责我们不去想的事情，而且大多是我们无法控制的事情，比如呼吸、消化和心率。自主神经系统也负责我们身体的能量。当我们感到不安全时，我们的能量会以某种方式保护我们。从外部看，这看起来像是反抗、违抗、撒谎、偷窃、不当地大笑、无视你、过度顺从和其他令人反感的行为。

当我们确实感到安全时，我们的能量可以被引导到连接上。这看起来像是对他人的开放、合作和与年龄相适应的同理心。我们关心周围的人，并愿意被关心。

改变孩子严重而令人困扰的行为，意味着将他们的自主神经系统从专注于保护转变为专注于连接。好消息是，有一些方法可以向孩子提供安全提示，让他们可以轻松地感到安全。在第 6 章中，我将教娜特她能做的各种事情，帮助萨米体验到更多的安全感。娜特和我将共同努力，帮助萨米平息来自过去的海啸，让她的大脑在现在有更多的机会感到安全。

有一件事我可以肯定：萨米渴望感到安全。她渴望自己的保护模式休息一下。这需要很多工作，这让人筋疲力尽，很多坏事都因此而发生。

也许你生活中的萨米似乎对感到安全不感兴趣。也许你的萨米喜欢对抗、控制和攻击。

每个萨米身上可能都有一部分，依靠这些行为所产生的力量而茁壮成长。这是一个迫切希望安全的部分。保护模式的意义在于找到一种方式达到安全。这就是保护！萨米身上总有一部分渴望找到安全和连接。

只是现在，连接的感觉太可怕了。

第 3 章

相信我……你的孩子想和你建立连接

"如果她需要连接才能生存,"你问道,"那么她为什么故意做一些让我不想和她有任何关系的事?"

我点点头。"完全合理的问题。这两件事似乎不应该在一起。我能给你讲个小故事吗?"你放下咖啡,坐回沙发里,我伸手拿起我一直放在旁边的娃娃公仔。我经常讲这个故事。

"小小的宝宝来到这个世界上,是如此柔软、黏糊糊、美妙,以至于我们想把她紧紧地抱在怀里。"我把娃娃公仔抱在胸前,立即开始无意识地来回摇晃,"如果我把这个婴儿放下来走开,会发生什么?"

"她会哭的。"你回答,语气是这样的:"嗯,当然啊!"

"当然会这样,"我说,"但为什么?"

"因为她不喜欢独处。"

"好吧，是的！然后当婴儿哭的时候，大多数父母会怎么做？"

"他们把孩子抱起来。"

"对，为什么？"

"这样孩子就不会哭了。"

"当然，但为什么被抱起来能帮助婴儿停止哭泣？"

你想了一想。"因为……婴儿感觉好多了？"你问道。

"是的！但连接不是仅仅让人感觉更好。婴儿需要安全的成年人来喂养他，防止他被一只剑齿虎吞噬。婴儿确实需要连接才能生存，对吧？"

你同意。

"好吧，"我说，"所以我们同意，婴儿需要一个成年人来照顾他们才能生存。但生存不只是为了活着。那些身体需求得到满足，但与照顾者没有可依赖的情感连接的婴儿真的很痛苦。物理连接是不够的。从我们出生的那一刻起——甚至可能在出生之前——我们就需要情感连接来生存。这一点永远不会改变。"

你对我扬起眉毛。"嗯，萨米看起来肯定不需要情感连接。她掐我，朝我吐口水。她说我长得很丑，是个坏妈妈。有时她生气时会说这些话，但有时，当我试图与她连接时，她也会说。她推开任何连接——用她的语言，有时就直接用脚或手。"

"是的，"我把声音放柔和，"我知道。我无法想象那有多痛苦。你也需要连接才能生存，所以你的连接尝试被如此激烈地拒绝，肯定会非常痛苦。"你重重地叹一口气时,眼睛微微抬起。"这太令人困惑了,"我继续说,"一方面,你的心知道萨米需要你。但另一方面,她肯定会努力证明自己不需要。"

"没错。"这个词让你有点哽咽。

"上周我们讨论了大脑如何有两种模式,连接和保护。在某种程度上,这两种模式协同工作。当我们感到害怕并进入保护模式时,我们有两种本能,一种是远离危险,另一种是更接近安全和连接。"

我举起娃娃。"当婴儿感到害怕时,他们会哭。他们环顾四周,试图找到照顾他们的人,然后一直哭,直到那个人过来。如果照顾他们的人也是让他们感到害怕的人,你认为会发生什么?"你看着娃娃,有些不确定。"哦,好主意,"我说,"让娃娃表演一下吧。"

我看着娃娃,做了一个刻薄的表情,喊道:"你是一个非常、非常坏的宝宝!"我看了你一眼,我说:"哎呀,这会吓到孩子的!"

你点点头。

"而且是我让她感到害怕。"你又点了点头。"那么,如果我现在去把她抱起来,这个婴儿会有什么感觉呢?"我换回刻薄的表情,开始抱起娃娃。"你为什么在哭?"我对她大喊。

我看着你。"这个婴儿太让人困惑了!她感到害怕,所以哭着让她的照顾者来。照顾者来了,"我指向自己,"但正是这个人让她感到害怕——而且这个人依然表现得很吓人。所以婴儿想逃跑,因为她害怕。"我把娃娃从我身边移开。"但她也想靠近,因为她很害怕。"我把娃娃再转向我。"她有点被卡住了。靠近很可怕,所以她哭着向照顾者寻求帮助。但照顾者是让她感到害怕的人。"我把娃娃移开,再转向我,移开,再转向我。"如果你来猜的话,你觉得这个宝宝学习到了什么?"

你看起来悲伤,有点困惑。"她妈妈,"你开始说,"……或者不管你是谁……是刻薄和可怕的。"

"是的!这个宝宝学会了连接等于危险。而且她学会了,当有危险时,没有出路。"

"这很有道理,"你说,"但是……我对萨米并不刻薄。好吧,我尽量不刻薄。"你叹了口气。"有时候照顾她太难了。我很生气,不知所措,我说了一些不该说的刻薄话。"你看起来很羞愧。"这就是她拒绝连接的原因吗?"

"要知道,"我说,"出于某种原因,我们认为为人父母意味着我们不再是一个有着正常人类情感的普通人。你说得对。对萨米说刻薄话并不好。我也知道,有时你会不知所措,感觉自己再也受不了了。有时你说了一些你希望自己没说的话……因为你是人。我想知道我现在是否可以怜悯你们两个人,你和萨米?"

"好吧,我想是的。"你停顿了一下,思考着,"我的意思是,是的,你可以怜悯我们。我想,对我们俩来说,情况都很难。"

"是的,确实是。"我同意,"我的猜测是,早在你收养萨米之前,连接和保护就已经在她的大脑中紊乱地纠缠着了,对吧?"

"是的,没错。但她为什么要拿我出气?"

"嗯,我知道看起来好像她在拿你出气,但事实并非如此。因为你现在要照顾萨米,你和她的关系会激活她大脑中的连接回路。但对萨米来说,连接与保护息息相关。还记得娃娃的感受吗?"我再次拿起娃娃,把她转向你,然后拿开,"对萨米来说,一旦她的连接回路被激活,她的保护回路也会被激活。这些保护回路告诉她的身体去找照顾她的人。但后来她的身体回忆起,连接就是危险所在,她又回到了保护模式。她想转向连接,但连接让她害怕。"我把娃娃转向你,再拿开,又转向你。

"嗯,这太令人精疲力尽和困惑了。"你说。

"是的,确实。"我同意,"这样想吧。比方说,我的身体知道我需要巧克力蛋糕才能生存,怎么办?比如,我必须得到它,否则我会死的。但是我有的唯一一块巧克力蛋糕是有毒的。我知道它有毒,但我必须吃它才能存活下来。但如果我吃了它,我会死的。你觉得我在那块巧克力蛋糕面前会怎么做?"

"表现得很奇怪?"你问道。

"是的。真的很奇怪!我的行为可能根本没有任何道理。有时我会很刻薄,有时真的很生气,因为巧克力蛋糕味道这么好,我又需要它,它为什么要毒害我?有时我会被这场内部斗争弄得筋疲力尽。我会觉得自己倒在它旁边，但仍然没有吃它。我可能会戳它，对它大喊大叫。我可能会尝试对它特别友善，从而让它不再有毒。我的意思是，真的，谁知道我会怎么做？"

"萨米认为我是有毒的巧克力蛋糕，她要存活下去就需要我，但如果她吃了会死吗？"

"大体上如此。"

"好吧，那现在怎么办？"你问道。

"哦，我们只需要解开保护与连接之间的紊乱纠缠。小菜一碟。"

连接是生物学的必然需求

我们已经确定，人类需要连接才能生存。小婴儿不能依靠自己存活。他们需要成年人与他们保持连接，喂养他们，给他们换尿布，给他们保暖，保证他们的安全。与其他哺乳动物相比，小婴儿实际上在很长一段时间内需要与成年人建立连接。连接确实保证了我们的生存。

然而，身体生存是不够的。还记得我们在第 1 章中了解到大脑是如何通过关系连接发展的吗？当我们出生时，大脑中促进人际联系和依恋等的边缘区域并没有完全连接到大脑的其他部分。那里有很多神经元，它们只是还没有互相交流。大脑有点儿像一栋房子，安装好了所有插座，但不是所有插座都连好了电线。婴儿需要获得安全、舒缓的人类连接，才能使大脑边缘区域正常发育——才能使线路从地下室一直延伸到"二楼"，在那里，大脑的高级思维区域才可以连上电路。

未能满足情感连接需求的婴儿往往表现出认知发展迟缓。当我们回忆起第 1 章中提到的大脑会围绕使用最多的部分进行组织时，就会明白这种延迟是有道理的。没有得到连接是危险的，所以大脑中的"危险－危险"部分保持在线的时间太长，它持续加班。这把大脑其他区域的发育所需要的能量带走。

依恋行为

如果不谈论依恋，就谈论父母和婴儿之间的连接是没有意义的。最先研究依恋的心理学家约翰·鲍尔比博士观察到婴儿的三种截然不同的行为，他认为这三种行为是依恋行为。

- 靠近！依恋系统的主要工作之一是让婴儿靠近照顾者。婴儿不能自己远离剑齿虎，不能自己冲奶粉，也不能把恒温器设定在安全的温度。他们什么都需要成年人！婴儿的目光一直在照顾者身上，当照顾者离得太远、离开时间太长时，婴儿就会哭，这通常会让照顾者回来。随着婴儿长大，当他们觉得自己离照顾者太远时，他们可以爬行、奔跑和用小拳头拍打关闭的浴室门，把照顾者找回来。信不信由你，即使只是可爱也能支持依恋的发展。婴儿是如此珍贵，以至于成年人总想抱着、依偎着他们，并对他们滔滔不绝地说话。可爱让看护人亲近他们！

- 保持好奇和探索！一旦婴儿对照顾者的亲密度和可靠性感到有信心，下一个依恋行为实际上就是不那么亲密。当我读研究生的时候，我们会带着小狗在盐湖城外的瓦萨奇山脉徒步旅行。我仍然可以回想起，它是如何跑在我们前面几步，停下来，转过身来，确保我们还在，然后转过身继续跑在前面的。它基本上每四秒钟就重复一次这个程序，直到我们到达山顶。我们的小狗用它的依恋对象（我们）来感觉到足够的安全，然后去探索。人类（和小狗）天生好奇！当他们感到安全和有连接时，他们才会开始进行好奇的探索。当我们的小狗到达安全感的边缘时，它会转过身来检查我们的状态，确认了我们依然在那里，随时满足它的连接需求，它才会再出发。

  婴儿，当然，还有学步儿、学龄前儿童，甚至高中生和伴侣们也会做同样的事情。随着年龄的增长，他们需要更少的亲近。他们可以走得更远一点儿，离开的时间也更长一点儿，但总会有一刻，他们会需要重新满足他们对于依恋的需求。所以他们蹒跚地往回走；或者学校一天结束后，照顾者来接孩子时，他们跑向照顾者；又或者当他们在学校度过艰难的一天时，他们会给照顾者发短信。但在那之前，他们正在做他们需要做的事情：探索、学习、好奇和发现新事物，包括他们自己的好恶、天赋和挑战。

- 让感觉更好！走出去，探索世界，必然会产生一些强烈的情感！兴奋、惊讶和恐惧只是一些会压倒婴儿和儿童的感觉。下一个依恋行为是使用依恋对象来让我们感觉更好。想象一下，给一个学步儿一个玩偶盒。对于学步儿来说，它看起来就像一个播放音乐的漂亮盒子。然后，突然，一个小丑从盒子里跳了出来。这太出乎意料了，太可怕了！这个学步儿吓了一跳，哭了起来，立即转向他的照顾者。如果坐在照顾者的腿上，他很可能会转过身去，把自己埋在照顾者胸部。如果照顾者在其他地方，他会先用眼睛找到照顾者，然后朝照顾者跑去——迅速地！

"危险-危险"系统启动了依恋系统，将孩子推向照顾者。面对玩偶盒的学步儿没有身体危险，但他被吓了一跳，需要帮助让他感觉好起来。所有的人都会遇到这种情境，自己的情绪太强烈了，除非得到帮助，否则自己无法处理。对于婴儿和学步儿来说，这种情况经常发生！随着孩子们年龄的增长，他们需要帮助来处理强烈情绪的频率降低了，但即使是你和我，有时也需要帮助来处理我们的强烈情绪。这是一种正常的依恋行为。当我感到压力、沮丧或有危险时，我会先确认自己身体安全，下一个本能就是联系我丈夫。

首先，我在脑海中向他靠近。他实际上存在于我的脑海中，我有一个代表他的神经网络（一组神经元）。一种舒缓的感觉已经开始了，尽管它可能非常轻微。接下来，如果可以的话，我会去靠近他。我给他打电话或发短信，或者我站起来走到他所在的任何地方。第4章更详细地描述了这种协同调节和我们依恋形象内化的过程。

依恋循环

在依恋的最基础的解释中,婴儿有一种需求,他们饿、累或孤独,这些感觉促使婴儿表达他们的需求,通常(尤其是在刚开始)通过哭泣。片刻内,照顾者就会匹配上这种能量。这很重要!照顾者的能量会轻微增加,向他们自己的身体发出一个信息。"哦!婴儿在哭!"这足够促使照顾者对哭泣的婴儿采取一些措施,但能量不能太多,不然就会让他们过于痛苦而无法安抚婴儿。

在那一点能量增加后,照顾者首先会自我安抚(这个过程不涉及太多思考,它只是发生了),这样他们能更好地安抚婴儿。婴儿的神经系统开始与照顾者同步,调节、平静,最终进入满足状态。

这个循环——婴儿有需求,婴儿表达需求,父母满足需求,婴儿得到安慰——在生命的头 12 个月重复了大约 10 亿次,最终为依恋奠定了基础(见图 3-1)。

图 3-1

安全、被看见、被安抚、有保障

婴儿需要的不仅仅是饱饱的肚子和温暖的毯子。丹·西格尔和蒂娜·佩恩·布赖森（Tina Payne Bryson）博士表示，除了满足他们的身体需求外，婴儿（实际上是所有年龄段的人类）还需要感到"安全、被看见、被安抚和有保障"。[1]

感到安全、被看见、被安抚和有保障是依恋的神奇成分。当照顾者感受到婴儿的痛苦，在自己的头脑里和心里承载这种痛苦，然后安抚婴儿并满足其需求时，婴儿就会"感觉到被共情"。[2] 没有一个清单能列明所有可以帮助婴儿感到安全、被看见、被安抚和有保障的事项。这是一种感觉，一种体验。这既是在做（比如喂奶），也是存在（与婴儿建立能量连接和安抚婴儿）。

当婴儿有需要时，他们的保护系统就会活跃起来。这会激活他们自主神经系统的加速器一侧，给他们必要的能量可以哭、喊或跑向照顾者。婴儿了解到，当他们的保护系统激活时，接近照顾者的安全感有助于他们感到安全、被看见、被安抚和有保障。感到安全、被看见、被安抚和有保障会关闭保护系统，让婴儿休息并建立连接。

当需求没有得到满足时

当婴儿的保护系统打开，却没有人帮助他们感到安全、被看见、被安抚和有保障时，会发生什么？当婴儿表达了他们的需求，但没有人来时，会发生什么？或者当有人来了，但没有满足他们的需求，甚至可能造成更多的痛苦时呢？

连接系统和保护系统开始纠缠在一起。"安全圈"是一种支持父母和孩子之间发展安全依恋的干预措施，它将可能导致连接和保护系统纠缠的照顾者行为描述为"刻薄""软弱"或"消失"。[3]

刻薄

安全圈干预所描述的照顾者的"刻薄"行为包括身体虐待、言语虐待和性虐待。刻薄的行为会激活孩子的"危险－危险"系统。当"危险－危险"系统启动时，孩子想去找他的照顾者，让自己感觉好些。但是，如果这个照顾者很刻薄的话，他不能让孩子感觉更好。这个孩子会感到更害怕，没有人能帮助他感觉更好或安全。

软弱

"软弱"的照顾者不会像刻薄的照顾者那样公然虐待和恐吓他人。软弱的照顾者自己充满恐惧，以至于他们无法帮助孩子感到安全。一些软弱的照顾者自己处于可怕的境地，比如家庭暴力。有些自己身处恐惧，以至于不敢为孩子设置任何边界，导致孩子最终比父母更能控制局面。虽然一开始看起来可能不是这样，但对孩子来说，这实际上是一个非常可怕的情况。孩子知道，为了安全，他们需要照顾者负责控制局面。当孩子最终负责控制时，孩子可能会表现得很强大，甚至很可怕，但实际上，这是一个非常非常害怕的孩子。最终的结果与刻薄的照顾者的孩子相似：孩子孤独一人，有着巨大的恐惧感，而他们的照顾者不仅会引起这些恐惧感，而且无法安抚或为孩子提供安全。

消失

这个词描述的是一个身体或精力"消失"的照顾者。孩子可能会被单独留下很长一段时间，比一个婴儿应该被单独留下的时间要长。不可避免地，婴儿有需求！他们会发出叫声、哭泣、大惊小怪，或者做一些事情来提醒他们的照顾者，他们需要安全、被看见、被安抚和有保障。但是如果没有人来呢？如果照顾者不是吓人（刻薄）或害怕（软弱）的，而是实际上根本不在那里（消失），该怎么办？

一些照顾者，由于他们自己有着严重的创伤和恐怖经历，虽然可以在身体层面上陪伴婴儿，但在心理或能量层面上处于消失的状态。他们可能会在自己的混乱状态中迷失，最终解离，从而无法满足婴儿的需求。正如我们所了解到的，未满足的需求会激活孩子的保护系统，促使孩子寻求安慰和连接。但不在场的照顾者无法满足这些需求，因此孩子感到不舒服，无法连接。

处于保护模式的照顾者

重要的是，在这里深吸一口气，并记住，那些可能被认为是刻薄、软弱或消失的照顾者都是神经系统处于保护模式的照顾者。在记住这些连接和保护系统存在于所有年龄段的人身上之前，我们很难理解照顾者是如何刻薄、软弱或消失的。照顾者可能难以与孩子建立连接的原因有很多，但最重要的是，刻薄、软弱或消失的照顾者本身就有脆弱的神经系统，他们以保护模式而不是连接模式对孩子做出反应。我们可以承认儿童被照顾者伤害的悲剧，同时对那些照顾者保持怜悯，因为他们迷失于自己处于保护模式的神经系统中。

创伤和毒性压力

在依恋的语言中，我们称这种连接和保护的纠缠为混乱型依恋。混乱的经验以强烈混沌和困惑的体验储存在神经系统中。

有这些历史的孩子往往会变得混沌和困惑。他们非常难以照顾，因为他们发出的关于他们需要什么和想要什么的信号非常混杂。

被混沌和困惑淹没的感觉很糟糕，所以这些孩子试图让自己感觉更好的一种方式是尝试控制和操纵。有很多混乱经历的孩子不想依靠他们的照顾者来获得安全。对这些孩子来说，仅仅依靠自己会感觉更安全，他们更会尝试控制和操纵他人。如果你照顾一个像这样的孩子，重要的是，要记住，即使他的一部分想通过控制和操纵你来保持安全，但另一部分的他却迫切地想通过与你连接来感到安全。

这种混乱仍然存在，因为连接是生物学的必需，他的神经系统中有一部分仍继续拼命寻找和渴望连接，同时也觉得连接是危险的。

他的神经系统被隐喻性地打成了结。他筋疲力尽。他几乎一直处于激活状态，没有任何信任，也没有意愿向任何人寻求安全和连接。

他在混乱的龙卷风中无休止地旋转。

保护性行为

当你的孩子有不受欢迎或不寻求连接的行为时，这是一种保护性行为。这是很容易识别的。你想让你的孩子有更多这种行为，还是更少？如果这种行为令人烦躁、沮丧、恐惧或不安全，那就是一种保护性行为。

在保护性行为的背后，总是有不顾一切地寻求连接的动力。我知道这真的很难相信。你可能只能相信我的话。这些奇怪的行为实际上是孩子试图避免感觉到一些不仅可怕，而且会让他们感到被困、被卡住和无助的事情。

换一种说法，他们试图避免感觉到，自己快要死了。

无论是在我们安全的时候，还是在我们害怕的时候，建立连接的生物驱动力总是存在的。孩子可能在层层保护之下掩盖了他们对连接的需求。我无法保证，你会看到他们需要连接的证据，但我可以向你保证，它就在某个地方。

被连接的感觉所淹没和排斥连接还有其他原因，包括独特的神经类型、敏感的感知觉系统、神经免疫障碍等。连接的体验涉及很多感官刺激。对一些孩子来说，这种感官体验就是淹没性的。过多的感官数据、过快的载入可能会被神经系统感知为危险的，使神经系统进入保护模式。本书关注的是创伤的影响，因为这是我临床经验的基础，但请知道，孩子们建立连接困难还有很多其他原因。

如果你在本书中看到与你的孩子类似的描述，那么你可能也处于较失调的状态。照顾一个神经系统如此混乱的孩子是会让人高度失调的。

我知道萨米的神经系统有很多混乱，我知道娜特很疲惫、很困惑，感到无助和绝望。

在某种程度上，娜特感受到了萨米的感受。萨米的神经系统有时会不堪重负，吞噬娜特，娜特最终也有同样的感觉。

然后她们被困在一起，感觉没有出路。

这不是娜特的错，也绝对不是萨米的错。娜特需要支持，这样她就不会那么快被萨米的能量吞噬。随着时间的推移，娜特将维持更好的情绪调节，更容易提供连接和安全感，萨米神经系统中混乱的连接和保护的纠缠将开始松开。

第 4 章

调节起了什么作用

　　随着我们一起工作了几周后，我注意到你在这个空间里感觉更安全了，和我在一起时也更安全了。你现在自己倒咖啡喝了，有时甚至帮我拿我的。猫头鹰马克杯是你最喜欢用的杯子，你也知道我喜欢有彩虹的那个。你不再那么拘谨了——你扑通一下坐进沙发里，踢掉鞋子，把腿盘在沙发上。

　　当我说一些你不想听的话时，你会假笑，向我扬起你具有标志性的眉毛，然后我们俩会一起笑。你向我展示了你对女儿行为的愤怒，以及你有时感到的绝望。你哭着说，你看不出这怎么会变得更好。

　　然而你不断地回来。

　　"好吧，等等。"你说，我们的咨询刚进行到一半，"你一直在用'失调'这个词。比如，我每次来这里，你都可能会说这个词 25 次。但这到底意味着什么?"

"哈!是的!我确实经常用这个词。这是我词汇表中很正常的一部分,以至于我忘记了定义它。"

我伸手去拿我的白板,又画了一条波浪线(见图4-1)。

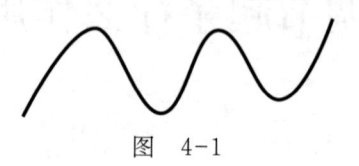

图 4-1

"还记得我们第一次见面时我画了这条线吗?"你点点头。

"所以,这就是调节的线。我们身体内的能量上升,"我指着线从下到上的部分,"我们身体的能量下降。"我指着线下降的部分,"上下,上下,一直这样。"

我拿着记号笔,回头看你。"有时我的能量上升,因为我要为工作做好准备。有时它上升,是因为发生了一些非常有趣的事情,或者是因为我在锻炼,又或者害怕,甚至疯狂。但不可避免地,我的能量会下降。我正忙着为工作做准备,但一旦我上了车,我就会喘一大口气,能量就下降了。或者我在生我孩子的气,因为他忘了倒垃圾,我们错过了垃圾日!但这种愤怒最终还是消失了。上升的东西最终总会下降,对吧?"

"是的,"你说,"当然,这很有道理。"

我继续。"好吧,如果这些情况以这种很好的、上下均匀的运动方式,在我的承受范围内发生,"我在上面画了一根线,在下面画了一根线(见图4-2),"那么我就处于一个调节很好的状态里。我在管理生活压力而不会发疯。有道理吗?"

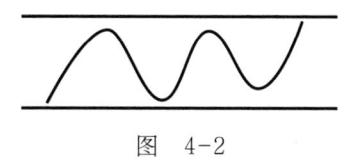

图 4-2

你点点头。太好了。我用手把画擦掉,然后重新开始。这次我画了一根锯齿状的线(见图4-3)。

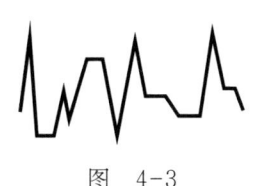

图 4-3

"有时候——对一些人来说,很多时候都会如此——能量并没有那么好地上下均匀运动。看起来更像这样。就像萨米一样!"

"哦,是的,那肯定是萨米。"

"是的。这是一个快速的0~60度的上升,然后它崩溃了,它被卡在底部,再然后陡升回到顶部。有时就像同时踩油门和刹车一样。"

"是的!"

"好,这就是失调的。能量和唤醒不平衡。我不是指性唤起!唤醒的是能量。能量到处都是。它会太快、太慢,而且似乎与状况不匹配。当我失调的时候,我会完全抓狂。我不能清晰思考,我无法注意到我在做什么或对什么人做什么。我被能量完全转晕了。"

我疯狂地画出一个旋转的动作,与你对视。

"这是失调的。"我重申。

"好吧,是的,我现在记得我们第一次咨询时说的这一点。你说我们要让萨米的身体感觉不那么像锯齿状的线条,而更像和缓的线条。"(见图 4-4)

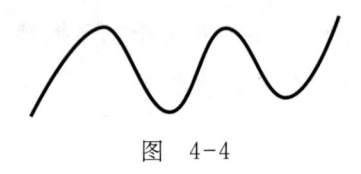

图 4-4

"没错。你能想象一个神经系统调节良好、看起来更像和缓线条的孩子会有什么样的行为吗?"

"正常的?"

我笑了。"是的,我想这是一种看待它的方式。我的意思是,她仍然是一个有正常起伏的孩子,远远没有达到表现完美。但这将是你可以帮助她的行为,不会让你觉得自己被公交车撞了。"

"好吧,太好了。但我们该怎么达到这样的目标呢?"

"让我们首先看看调节是如何发展的。"我伸手去抓一直在旁边的娃娃公仔,把她抱在怀里,"当这个宝宝哭的时候,她的能量会上升。作为照顾者,当我的身体注意到婴儿在哭的时候,我的能量也会上升一点儿。这一点点能量的增加意味着我会做点儿什么——我会移动身体去靠近她,把她抱起来。这种能量的爆发也很重要,因为这个可爱的婴儿可以感觉到我们的神经系统匹配，然后她就可以获得被看见和被了解的体验。不过，一旦我把她抱起来，我就会安抚自己，这样我就可以安抚孩子了。我的能量和神经系统开始踩刹车，然后我就可以开始安定下来。我发出平静的'嘘'的声音，来回摇动。最终，婴儿借用了我的调节，她的刹车系统也变得更强了。婴儿有很强的加速系统，但刹车不是很强。我们在第一年为他们做了大约10亿次这样的事情，帮助他们增强刹车。

"如果我抱起孩子时，我的油门一直激活着，你认为会发生什么？如果我真的很焦虑，甚至很生气？如果我试图说一些安抚的话，但她听起来都是担心或害怕的情绪？婴儿会被安抚吗？"你摇摇头。"是的，她不会。如果我什么都没做，那会怎么样？如果我把婴儿单独放在一边，也许会在远处说一些安慰的话，比如'嘿，你很好'，孩子会被安抚吗？不会。当她的油门全开时，婴儿需要一个调节的照顾者来安抚她，因为她的刹车不是很强，她还没有很好的平衡。"

"但是萨米已经不是婴儿了。"你说。

"她不是，"我同意，"但她的刹车很弱，而油门踩到了底，不知不觉，她就失控了！我们可能会说这是不好的行为，或者她粗鲁、目中无人，又或者给她贴上各种各样的标签。但实际上，她是失调。为了加强她的调节回路，我们必须像照顾婴儿那样对待她。首先，我们匹配能量。然后，我们确保即使我们的能量很高，我们也处于连接模式，我们处于调节状态。然后我们介入帮助。对于婴儿，这意味着我们摇晃他们，给他们一个奶瓶。"

"我不会给萨米一个奶瓶啊！"你说，带着困惑的笑声。

"绝对不是！萨米的情况肯定不同，尽管说实话，本质上并没有那么大不同。摇滚和喝酒是我会给所有年龄段的失调人群的建议！不管怎样，我们都要在调节的状态下——不是一定要冷静，但要在调节的状态。我们关注的是这个协同调节的过程。若我处于调节状态，当有一个婴儿在我身边时，我不会只是考虑让孩子停止哭泣，我会持续考虑如何安慰她，帮助她感觉好些。最终，我可能会变得失调，并开始只关注如何才能让她别哭了。讽刺的是，一旦我专注于这一点，我成功的可能性就会降低。

"萨米的情况也是如此。如果我们继续专注于提供调节、连接和安全感，最终她的神经系统会发生变化，负面行为会减少。"

你看起来很困惑。"其他和萨米同龄的孩子不需要这些。她为什么需要？"

我耸耸肩。"我的最佳猜测是，萨米小时候没有得到足够的协同调节，所以她的神经系统没有机会变得强壮和健康。现在她的神经系统很敏感，她对看起来的小问题反应强烈。这是因为她的压力反应系统不是很强。她小时候压力太大，没有足够的协同调节。

"不过，最酷的是，我们可以修复这个系统。我们通过给她小时候所需的经验来做到这一点——当她失调时,协同调节。这意味着我们,成年人,要保持在调节状态里,我们关注的不是她的行为,而是如何帮助她感到安全,然后得到安抚。"

我停下来,让我的话有机会在你的心里发芽,然后说:"容易,对吧?"

你真的对我翻了个白眼,我想那一刻我对你的情感就变成了纯粹的、愉快的喜欢。它总是会来。我喜欢我身边所有的人。"所有真实的自我都是可爱的"[引用我早期的导师之一坎迪斯·奥塞福·罗素(Candyce Ossefort Russell)的话]。你那令人喜爱的真正核心自我,只需要你轻轻翻一翻白眼,就闪烁着跳出水面。

"好吧,不容易,"我同意你的翻白眼,"但我会帮你的。"

受调节是什么

在过去的几年里,我在越来越多的育儿书籍、教育资源和社交媒体帖子中看到了"调节"一词。看着成年人开始从基于行为的模式转向基于调节的模式,真是令人兴奋。

但对于受调节意味着什么,人们仍有很多困惑。

有时,当我问孩子受调节意味着什么时,他们会盘腿坐在地板上,闭上眼睛,把拇指放在中指上,说:"嗯……"或者他们摆出瑜伽姿势。换句话说,他们认为受调节意味着平静。

"受调节"并不等于平静。[莉萨·戴恩（Lisa Dion）][1]

调节：

保持油门和刹车（能量和唤醒）的平衡。[丹·西格尔和玛丽·哈策尔（Mary Hartzell）][2]

在自己的神经系统中调节能量和唤醒水平的起伏、涨落，而不会感到害怕。（萝宾·戈贝尔）

动态调节：

监督和调整某事随时间的变化。监督包括感知过程的能力，调整涉及随着时间的推移对该过程的调控和塑形。（丹·西格尔）[3]

受调节：

正念、觉察，并与自己建立连接。（莉萨·戴恩）[4]

在丹·西格尔对动态调节的定义中，他呼吁我们注意这样一个事实，即调节涉及一些正念的觉察。[5]要调节某事，我必须首先有足够的正念来监督（注意和关注）它，然后才能调整（改变）它。

因此，自我调节意味着我们有能力注意和改变自己身体中的能量。我注意到我开始感到压力太大，所以我休息一下，去散步。（说实话，我吃了一些糖果。）

对于那些还没有形成自我调节能力的孩子来说，他们需要一个在场的、受调节的成年人来帮助他们完成这个"监督和调整"的过程。成年人注意到孩子需要帮助,并介入帮助孩子"调整"他们神经系统的能量和唤醒水平。

你会注意到,这些定义中没有一个包含"感觉"这个词。受调节并不意味着平静。受调节并不意味着快乐。一个人可以是受调节的,同时体验到悲伤、疯狂、快乐和其他各种情绪。

如果我想或需要的话,我可以一边生气,一边与自己保持连接,同时保持转移体内能量的能力吗?绝对可以。

本书讲了很多关于父母保持受调节的重要性。再说一遍,受调节并不意味着平静!这并不意味着用假笑表现得好像一切都很好,也不意味着忽视对任何人都不起作用的行为。

受调节意味着你仍然可以用你"负责思考"的大脑来选择下一步该做什么。你可以踩着油门,实际上你甚至可能稍微处于保护模式,但你仍然可以是受调节的。

你可能会眯起怀疑的眼睛看这本书。也许只是现在相信我。受调节并不等于平静。

依恋理论是一种调节理论

2000 年,心理学家兼研究员艾伦·肖尔(Allan Schore)博士在《依恋与人类发展杂志》(*Journal of Attachment & Human Development*)上发表了一篇论文。[6] 他提出依恋理论从根本上说是一种调节理论。第 3 章中描述的依恋循环,其核心是关于两个人如何走到一起并影响——调节——彼此生理学的理论。婴儿的压力无疑会影响照顾者的压力，照顾者尽最大努力调节自己的压力反应，从而协同调节和舒缓婴儿的压力反应。这种相互的、二元的能量交换，在照顾者和婴儿进入、退出连接时，上下波动，是婴儿自主神经系统调节发展的基础。

加速器和制动器

丹·西格尔将调节定义为保持加速器和制动器的平衡。[7]这个概念适用于各种事情。恒温器负责调节我家的温度，它先监督温度变化，再通过加速器（打开空调或加热器）或制动器（关闭空调或加热器）来调节温度。

我们在表面看到的只是行为，它给我们提供了关于内在正在发生什么事情的线索，特别是关于自主神经系统的能量和唤醒。改变孩子们严重的令人困扰的行为，意味着我们必须关注他们自主神经系统的能量和唤醒情况。如果我们平衡加速器（"去吧去吧"的能量）和制动器（"慢点"的能量），那些严重的令人困扰的行为就会开始消失。

依恋和调节

自主神经系统的调节是在依恋循环里培养出来的。婴儿有一个需求，他们神经系统的加速器启动，他们发出声音表达他们的需求，这就像踩下汽车的油门。婴儿有很好很强的油门，在他们一出生时就可以很有效地工作。

上升的东西必然会下降,但如果没有照顾者的帮助,婴儿的需求就不能下降。婴儿需要借用照顾者的刹车的能量。

第 3 章讨论了当婴儿的油门被踩下时(婴儿有需求),照顾者自己的油门也会有一点儿加速。他们意识到,"哦!宝宝在哭!"这给了他们去照顾婴儿所需的能量。它还给婴儿提供了能量匹配的体验,从而创造了被看见的体验。照顾者体内的能量刚好够与婴儿匹配,但不需要太多能量,否则会让婴儿受惊或给婴儿带来更多不安。

一旦照顾者与婴儿连接上,照顾者的刹车就会开始工作,以便他们能够安抚婴儿。若照顾者的油门踩到底的话,他们无法很好地安抚婴儿。事实上,这通常会让婴儿踩下油门,并造成照顾者越来越沮丧。

当照顾者踩下刹车时,他们自己的神经系统会得到舒缓。他们现在可以满足婴儿的需求,并对婴儿进行安抚。最终,婴儿得到了安抚。在生命的第一年里,这个过程重复了无数次(见图 4-5)。

图 4-5

如果这种循环发生得足够频繁——约 30% 的时间会出现这种情况[8]——那么孩子很可能会发展出安全型依恋和与年龄相适应的自我调节能力。我之所以说"与年龄相适应",是因为 3 岁孩子的调节能力当然与 43 岁的成人大不相同——尽管当他们失调时,都会求助于饮料和零食。

当婴儿和照顾者一次又一次地经历依恋循环时,一种叫作髓磷脂的重要细胞开始在婴儿的大脑中生长。髓磷脂包裹在自主神经系统"刹车"侧的神经周围,帮助刹车机制更好更快地发挥作用。髓磷脂的生长受到协同调节的支持。更多的髓磷脂意味着更多的调节和更好的压力耐受能力。协同调节促进了神经元的发育,从而实现了自我调节,这难道不是很棒吗?我觉得这太神奇了!

自我调节不是目标

在你拒绝这个前提之前,请忍耐一会儿。自我调节不仅不是目标,有时我甚至怀疑它是否真的存在。

髓磷脂在协同调节过程中的发展令人惊讶,但神经网络的创建也是如此。丹·西格尔在其开创性著作《心智成长之谜》(*The Developing Mind*)中,将神经网络描述为同时放电的神经元模式。[9]

我喜欢把神经网络想象成星座,那里有数十亿颗恒星和数十亿个神经元。一些恒星连接在一起形成星座。有些恒星位于多个星座中。神经元也是如此。当你的孩子有一次经历时,他的大脑会激活一种特定的神经元模式。如果这种经历重复足够多次，神经元的模式被激活足够多次，这些神经元就会开始连接在一起，最终形成一个神经网络。神经生物学家卡拉·沙茨（Carla Shatz）甚至想出了一个朗朗上口的短语来描述这种现象："一起放电的神经元连接在一起。"[10]

当婴儿获得足够的协同调节经验时，他们会发展出一个代表这种协同调节的神经网络。这种神经网络变得越来越强大，最终即使没有照顾者在场，这种协同调节的神经模式也会启动！

第 3 章介绍了我们建立心理框架以便与我们的依恋对象建立连接的概念，如果发生了令我困扰的事情，我几乎会立刻想到我的丈夫，并想联系他。在神经生物学上，我脑海中代表我丈夫的神经网络被激活了。就好像他在那里，即使他不在。

还记得当"危险 - 危险"回路被激活时，三种核心依恋行为之一是如何转向连接的吗？当我的神经系统进入保护模式时，我会转向现在生活在我脑海中的安全、可靠的依恋形象代表。之所以会发生这种情况，是因为在过去的 20 年里，我的大脑已经将代表舒适和连接的神经元与代表我丈夫的神经元连接起来了。

我在脑海中创建了我丈夫的神经网络，心理学家路易斯·科佐林诺（Louis Cozolino）恰当地将其命名为共鸣回路。[11]

共鸣回路

对共鸣回路的深入研究超出了我们在一本关于养育失调儿

童的书中所需要的深度,我只在这里对这个系统进行快速的概述。

> 共鸣:相互作用的系统相互影响,使两个或多个实体成为整体功能的一部分。(丹·西格尔)[12]

当两个人走到一起,相互影响,创造出新的东西——"我们"而不仅仅是"我"时,就会产生关系共鸣,在我们之间的这个空间里,我们的能量似乎会相互接触、共鸣和影响。这种共鸣是我们如何知道有人是真的在关注我们,还是只是随便点点头。你的孩子知道他们什么时候和你有共鸣,什么时候没有共鸣,他们会非常努力地恢复共鸣。这就是为什么当你被一个电话分神或在浴室里时,他们突然增加了很多需求。他们不仅是希望你这个人在身边,而且希望能感觉到你的心在身边。

有人认为,我们的镜像神经元对这种共鸣体验负有部分责任。[13]镜像神经元是帮助我们在自己的脑海中模拟在他人脑海中发生的事情的神经元。[14]

想象一下。当你在杂货店闲逛时,你看到一个学步儿突然爆发出低沉的大笑。你会忍不住微笑,而且可能也会笑出声!这个学步儿大脑中的"大笑"神经元亮了起来。你的大脑也是如此!你的大脑在看到那个学步儿的大笑时就激活了同样的"大笑"神经元!然后你微笑了,或者可能也笑出声了。

镜像神经元使治疗有效!在我与情绪痛苦的人坐在一起的数千个小时里,我的共鸣回路通过产生相应的神经放电,让我在自己的身体里感受到我的来访者体内的感受。当然,把自己搞困惑，或是搞不清这是谁的感受是不好的，所以镜像神经元的一部分会确保我们不会产生太多共鸣。[15] 尽管如此，我的大脑会以与我的来访者的大脑相同的模式产生神经元放电！疯狂，是吧？

当照顾者为婴儿提供协同调节时，婴儿正在建立一个神经网络，来体验接受协同调节的感觉。与此同时，他们的镜像神经元正在创建一个关于提供协同调节的照顾者的神经网络。随着婴儿的成长和发育，这两种神经网络都会加强，接受协同调节和内化照顾者的调节能力，这种结合产生了通常所说的自我调节能力的发展。最终，相比直接转向他们的照顾者以便协同调节，儿童和青少年转向他们心中内化的照顾者。

这个过程使婴儿能够离照顾者越来越远。当他们还是学步儿时，他们可以容忍照顾者离开房间一段时间。之后，他们可以去幼儿园，整个上午都不在照顾者身边。最终，他们变成了青少年，每周只需要一条短信和一箱能量饮料。随着儿童的成长和发展，协同调节的内化变得更强，并使儿童能够表现出我们通常所说的自我调节。

自我调节无法被教授

我们无法通过学习深呼吸和列出让我们感到平静的事情来学习自我调节。不要误解我的意思——帮助孩子们了解他们的大脑和身体，学习帮助他们获得调节感的方式是很重要的。

对一些孩子来说，一个拥抱和一口冷水可能就会有所帮助；对另一些孩子来说，他们可能需要自己戴着耳机躲在舒适的角落里。但在孩子能够找到他们的方式之前，需要有一个现有的内在模型来进行调节，而他们只能通过协同调节来实现这一点。

我已经学会，如果压力很大，我需要穿好我的网球鞋，找个方法狠狠锻炼。我喜欢做深蹲或波比跳，或者跑步。我天生运动能力一般，但我知道重重地踩在地上会阻止我完全发疯，我知道如何将"哇，我感觉有压力"和"哦！我要去跑步"两点连接在一起。

不过，这才是关键——我有足够的内化的协同调节，即在"一切都好"和"我快疯了"之间有足够的时间和空间，我可以停下来想想："哦，我应该去跑步"。这样，我的压力加速器可以慢下来，因为我已经内化了所有的协同调节。如果没有稳定的内化协同调节，我就算知道世界上所有的应对技巧，也无法运用它们。我会太快失去调节能力。

这听起来可能很熟悉。你的孩子可能知道很多应对技巧，但不会使用它们。甚至可能让你觉得他们故意拒绝使用它们，就好像他们更喜欢感觉到失调一样。

我明白了。有时会觉得好像是这样。但实际上发生的是，他们还没有足够的内化的协同调节。他们自主神经系统中的压力加速器踩到了底，他们失调得非常快，以至于无法使用任何这些技能。并不是他们不想，是他们做不到。他们还没有内化足够的协同调节来承受少量的压力而不感到崩溃。

创伤和毒性压力

当婴儿得不到他们需要的协同调节，或者照顾者刻薄、软弱或消失时（如第 3 章所述），他们最终会经历比身体所能承受的更多的压力。

记住，压力本质上并不是坏事。任何形式的成长都需要压力，包括我们压力反应系统的成长！如果我想跑个马拉松或卧推 400 磅⊖的重量，我必须给我的肌肉施加一点儿压力，让它们变得又大又强壮，对吧？但我需要适当的压力。太少了，我就长不出肌肉。太多了，我也不会长出任何肌肉，因为我会一直受伤。

与调节和压力反应系统相同。过多的压力而没有足够的协同调节，意味着压力反应系统以一种敏感和脆弱的方式发展。这就产生了典型的"小题大做"现象，即一个微小的压力源（从我们的角度来看）会引起严重反应。就好像因为晚餐是在五分钟后而不是现在，这点儿小事就会让你的孩子崩溃发疯、反应过度。等待的压力使他敏感的压力反应系统过载，接下来你知道的是，他把整个桌子掀翻了。

刻薄、软弱或消失

让我们从调节和依恋的角度来看待婴儿未满足需求的影响。图 4-6 显示了一个婴儿的需求持续地得不到满足，无论他

⊖ 1 磅 ≈ 0.453 6 千克。

哭多久或哭多大声。这个婴儿无法学会安全、被看见、被安抚和有保障的感觉,他的依恋模式会反映出这一点。

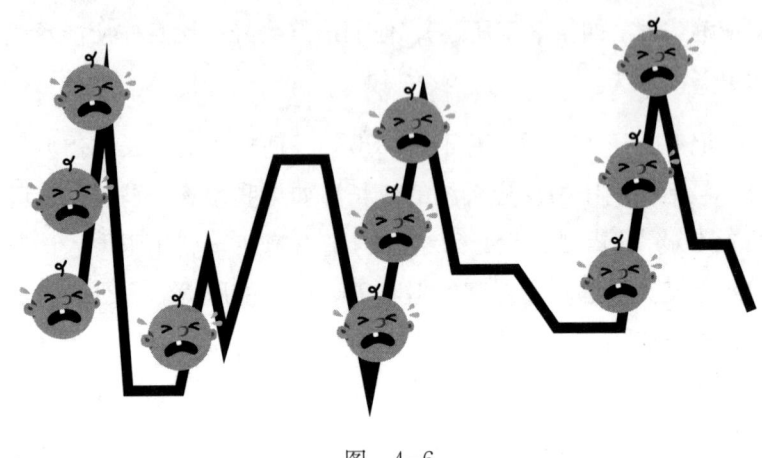

图 4-6

从调节的角度来看,婴儿的自主神经系统的加速器和制动器之间没有平衡,而是产生了混乱和不可预测的能量的极度失衡。

所有行为都是合理的

在某种程度上,孩子的反应总是与他们的内在体验相匹配。总是如此。

也许他们的脑海里充满了过去被虐待过他们的照顾者推搡的记忆,所以他们在课间休息时转身打了那个在游戏中给他们贴标签的孩子。

也许当他们在秋千上用力晃动双腿时，他们怦怦的心跳和急促的呼吸让身体想起了他们害怕和孤独的时候。当同伴要求换他玩时，你的孩子会当着他的面尖叫，然后跑开。

也许他们的压力反应系统是如此脆弱，以至于穿鞋子、准时出门上学的压力如此之大，以至于他们像超级害怕的负鼠一样崩溃，根本无法移动。

从外面往里看，这些似乎是夸张的过度反应。

但从里面向外看，我们可以看到所有这些行为对敏感的神经系统来说是有道理的。

"功能的恢复重现功能的发展"

好吧，这句话很拗口。我最初是在"赋能连接"大会上，从《连接的儿童》(*The Connected Child*) 与《基于信任的关系干预》(*Trust-Based Relational Intervention*) 的合著者、心理学家卡琳·珀维斯（Karyn Purvis）那里听到了这句话。她告诉我们，为了让大脑重新获得早期错过的发展性技能（如自我调节），它需要重复经历与最初发展该技能相同的步骤。[16]

因此，为了建立我们孩子的调节回路，让他们不再在一点点压力下崩溃，我们必须得与他们一起走过他们本应该在小时候走的路。他们需要协同调节。

即使他们是中学生，我们也必须将他们的外在行为视为他们内在需求的标志——就像我们将婴儿的哭泣视为他们内心痛苦的标志一样。他们的行为不是针对个人，操纵或控制他人，只是他们只知道这样做。我们先去匹配他们的能量（"哦！婴儿在哭！"），然后开始安抚他们。这个过程可以让我们的宝宝感觉到他们正在被感受！然后，他们的共鸣回路使他们能够内化我们的协同调节，自主神经系统的制动器被髓磷脂包裹，他们开始发展出与年龄相适应的调节技能。

我们只需要想办法对付一个乱尿尿或朝我们脸上吐口水的 5 岁孩子，或者一个说我们刻薄、肥胖、丑陋的 10 岁孩子，或者一个不愿意去学校的 12 岁孩子，又或者一个 15 岁的孩子，因为我们限制他使用电脑的时间，他就咒骂我们，把他的房间弄得一团糟。

我们能把这些孩子中的每一个都看作一个以外在行为向我们展示神经系统内在感受的孩子吗？我们能戴上我们的 X 光护目镜，看穿他们的行为，深入他们的神经系统深处吗？我们能看到他们的问题是在于油门失控还是刹车无力吗？

如果我用一个有趣的比喻帮你完成这个任务呢？如果我一直为你解读他们的行为到底是什么意思，然后给你一些非常实用的工具，告诉你如何改变它呢？

我将在第二部分中做所有这些事情，我们将首先请我们的朋友多萝西、稻草人、铁皮人和胆小狮教我们一首歌："猫头鹰、看门狗和负鼠——哦，我的天！"

第二部分

现在让我们『修正』这些行为

Raising Kids with Big, Baffling Behaviors

Raising Kids
with Big, Baffling
Behaviors

第 5 章

猫头鹰、看门狗和负鼠

我合上笔记本电脑,离开椅子,走向等候室。我在咖啡角停下来,这样我就可以用我们熟悉的方式迎接你,但当我们目光交会的那一刻,我看到你已经走到了我还没进去的办公室。

你在生气,对我。

我注意到你双臂交叉,眼睛微微眯起。当你站起来从我身边走过时,我们的目光短暂交会,你甚至没有打招呼。

我吸了一口气,注意到我的心脏有轻微的颤动,胸口有点热。我提醒自己停下来,慢慢地呼气。我轻轻地关上我们身后的门,把我们的咖啡放在沙发旁边的桌子上。

"你看起来很生气。"还不如直接把它说出来。我看到你。我欢迎你的全部，包括你的生气情绪，即使它们是针对我的。

"这些行为，"你说，"真的都是因为她来到我们家之前的经历吗？我的意思是——难道不是因为她有时只是一个不听话的孩子，需要知道她行为的后果吗？"

"好问题。你想知道如何区分创伤行为和正常儿童行为。"

"对！我的意思是，"你困惑地皱着眉头摇头，"为什么我们假设所有这些行为都是创伤行为？"

啊，是的。这个问题经常出现。这个问题背后有恐惧——担心如果我们假设所有行为都是创伤行为，并且我们以基于大脑的方式做出反应，通过调节、连接、安全感，当然还有边界，孩子们会以某种方式逃脱不良行为的惩罚，他们什么都学不会。

我希望我使用基于好奇心的语言，能帮助你感受到被邀请建立连接和安全感，我说："我想知道，能够区分创伤行为和正常儿童行为之间的区别会有什么帮助？"

"好吧，我需要知道她是否需要帮助，或者是否需要学习后果。"

"哦，好吧。你想知道如何回应。当然。你爱萨米，你想以最能帮助她的方式回应。我说得对吗？"

"是的！"你打开双臂，拿起咖啡杯喝一口。我意识到我一直坐得很直，向你倾斜，我感到我背部的紧张。当你把咖啡杯举到嘴边时，我稍微放松了一下姿势。

"好吧，是的，这很有道理。但如果我让事情稍微更容易一点儿呢？你在为难自己，试图确定一种行为是否与创伤有关，事实上，这真的不重要。"

"不重要？"

"对，不重要。我们真正想知道的是她的看门狗大脑有多失调。她的猫头鹰大脑还在吗？或者看门狗大脑——又或者负鼠大脑——已经完全接管了她吗？"

你对我扬起眉毛，表示怀疑，但我看得出来，我激起了你的好奇心。我伸手去拿活页夹，轻轻地笑着说："是的，猫头鹰、看门狗和负鼠。"

"哦，天哪。"你一边说，一边完全靠回沙发上。我们重新建立了连接。

"没错。"我翻到一页，画了一幅简单的大脑图和一只聪明、快乐的猫头鹰（见图5-1）。

图 5-1

聪明的猫头鹰大脑

当娜特希望萨米的行为改变时,她真正想要的是萨米的猫头鹰大脑变得更强大,更经常地掌控局面。有弹性压力反应系统的孩子有强大的猫头鹰大脑。聪明的猫头鹰大脑负责阅读和拼写测试等事情,但它也负责记住准备睡觉或打扫卫生的所有步骤。聪明的猫头鹰大脑也知道,社会连接与记住事实和执行任务一样重要。分享、合作和关心他人感受等社交行为都是猫头鹰大脑工作的一部分。猫头鹰大脑帮助你的孩子在他们乱涂乱画不想做的数学图表之前停下来,转而寻求帮助。猫头鹰大脑可以处理轻微的不舒服感觉,比方说你的孩子需要为某事道歉,承认他们做了不该做的事情,或者完成一件超级乏味的家务,例如打扫他们的卧室或清空洗碗机时产生的感觉。聪明的猫头鹰大脑对连接持开放态度,因此它的行为方式会邀请连接。

当你的孩子处于神经感知的安全状态时,他们的猫头鹰大脑会处于主导,并引导你的行为。这意味着我们对孩子的首要目标是帮助他们感到安全。猫头鹰大脑生活在大脑皮质——这是大脑的最高部分,在孩子18~36个月大的时候开始真正发育,但直到20多岁中后期才发育完成(见第1章)。就像你的孩子在安全的环境中不断成长和发展一样,猫头鹰大脑也是如此。

我几乎可以保证,你想让孩子做出的行为都是猫头鹰大脑引导的行为。你想让你的孩子感到足够的安全,学会诚实,知道撒谎只会制造更多的问题吗?这些都是猫头鹰大脑引导的想法。你想让你的孩子能够在没有监督的情况下和他们的朋友一起玩,而不会崩溃或打架吗?猫头鹰大脑引导的行为!你想让你的孩子可以在 30 分钟内打扫房间,而不是把它变成一场持续整个周末的折磨吗?是的,也是猫头鹰大脑。

当猫头鹰大脑"飞走"时,孩子就会出现严重的令人困扰的行为。

我们不能总是阻止猫头鹰大脑飞走,但随着它成长得越来越强壮,它不会那么频繁或突然地飞走。

我们将用"孩子的猫头鹰大脑现在处于主导位置吗"这个问题,代替"这是创伤行为还是常见的儿童行为"。我们知道,有创伤史的孩子(或那些因任何原因导致神经系统脆弱的孩子)的猫头鹰大脑弹性较差,经常会飞走。我们也知道,每个人的猫头鹰大脑都会有时飞走。在对抗困难行为的时候,我们孩子的猫头鹰大脑为什么会飞走并不重要。重要的是弄清楚如何让猫头鹰感到足够安全并且回来。

你怎么知道孩子的猫头鹰大脑是否处于主导?一种方法是问自己:"这种行为是否会让我想和我的孩子建立连接?"如果答案是"否",你可以非常确定他们的猫头鹰大脑不在主导位置。猫头鹰大脑想要连接——和他们自己,和你!

猫头鹰大脑来自一个受调节、有连接和体验安全感的神经系统。这就是为什么那些感到安全的、受调节的、有连接的孩子(和父母)表现良好。

我喜欢想象猫头鹰大脑栖息在大脑的最顶端,在大脑皮质,就像这样(见图 5-2)。

图 5-2

以下是一些提示和线索，表明你的孩子的猫头鹰大脑在主导：

- 逻辑
- 合作
- 好奇心
- 同理心
- 自我反思
- 在做出反应之前"暂停"的能力
- 从后果中学习并关心后果（而不是惩罚）
- 对自己的行为负责
- 请求许可

当你的孩子的猫头鹰大脑在主导位置时，你可能会看到：

- 眼睛和口腔周围的肌肉在放松
- 肩部、颈部和头部放松而不塌陷
- 符合情境的、均匀且有节奏的呼吸

- "妈妈，我可以……吗？"请求而不是要求
- "对不起，我……"道歉而不是否认指责或推脱责任
- "我需要帮助"，请求帮助而不是把铅笔扔到房间的另一边

虽然猫头鹰大脑来自连接模式，但这并不一定意味着猫头鹰大脑总是想玩儿或连接！孩子寻求或享受连接的程度取决于许多不同的因素，包括他们独特的气质。对连接持开放态度并不等同于渴望连接。你的孩子可能会拒绝你的邀请，选择独处，而不是和你一起玩游戏，但他们可能仍然在他们的猫头鹰大脑中。猫头鹰大脑设定了富有同情心的边界，它可能会说"我不想玩那个游戏"，甚至"不，谢谢，我不喜欢球芽甘蓝"。一些猫头鹰大脑的性格更加随和，非常灵活；一些猫头鹰大脑更需要自主性和独立性。

看门狗大脑和负鼠大脑

然而，当神经感知获得的危险线索多于安全线索，并转变为保护状态时，会发生什么？看门狗大脑或负鼠大脑出现了，随时准备保护我们的安全！

认识看门狗

我非常感谢所有脆弱的孩子，他们让我认识并照顾他们强烈需要保护的看门狗大脑，我非常高兴向你们介绍看门狗大脑。

在大脑皮质以下、位于边缘区域和脑干下方的是两条不同

的能量通路。其中一条通路激活神经系统的加速器并增加能量。当你的孩子处于神经感知危险时，这条通路会助长我们通常认为的"战斗或逃跑"的行为。这就是看门狗大脑！

就像现实生活中的看门狗一样，生活在孩子神经系统中的看门狗只想保护孩子的安全。也像现实生活中的看门狗一样，生活在孩子神经系统中的看门狗有时会有一种保护性但不危险的小行为，比如竖起耳朵，睁大眼睛。有时，看门狗会有严重行为，比如咬人或攻击。知道看门狗有多害怕，有助于我们知道最好、最安全的应对方式。让我们看看，当你的孩子在他们的看门狗大脑主导时会出现的一些行为、提示和线索，这将帮助你知道你的孩子到底有多害怕。

"我很安全"看门狗

当看门狗感到安全时（见图 5-3）——当它从每秒 1100 万比特的数据中检测到更多的安全提示而不是危险提示时——它会在阳光下放松，让猫头鹰大脑负责主导。这只看门狗意识到会有危险的可能性，但大多时候只是放松地待在一边。

图 5-3

有时，平静的看门狗会从加速器里借一点儿能量，同时仍然感到安全和连接。这只看门狗会疯狂奔跑！它快乐地奔跑、玩耍和尖叫。我喜欢想象看门狗和猫头鹰在一起玩耍的画面

（见图 5-4）。这有助于我记住猫头鹰大脑是主导的，哪怕那里有很多能量。

图　5-4

看门狗总是在那里！但是，当看门狗和猫头鹰在一起感到安全时，看门狗可以专注于连接、玩耍和休息，而猫头鹰则可以处理其他一切。猫头鹰大脑可以在数学课前与朋友进行有趣的社交互动，使用逻辑做乘法表，容忍没有答对所有问题的失望，并在课间休息时遵守踢球游戏的规则。

"怎么了"看门狗

当发生一些引起看门狗担忧的事情时，它会进入非常低水平的保护模式，哪怕可能只是太阳消失在云层后面。这只看门狗在问："怎么了？"你的孩子的"怎么了"看门狗想保护你的孩子不受任何不安全的伤害。它还没有进攻，甚至没有真正准备发起进攻；它仍在到处嗅空气，检查情况，尝试判断。孩子的猫头鹰大脑还在工作，帮助"怎么了"看门狗获取更多信息后决定："我真的有危险吗？"

看看这只看门狗的头是怎么抬起来的（见图5-5）。这样它就可以从各个方向观察和倾听，从而决定：安全还是不安全？

图 5-5

以下是孩子可能会呈现的一些提示和线索，表明他们的"怎么了"看门狗大脑是主导。

- 身体活动增加，可能变得焦躁不安，甚至四处游荡。
- 他们面部表情的紧张程度略有增加，尤其是眼睛周围，也许还有嘴巴周围。他们的面部肌肉收紧，这向其他人传达了他们感觉不那么想社交或友好待人。
- 他们的眼睛睁大，环顾四周，以便更好地观察事物。

- 他们的声音发生变化：
  - 烦躁的和/或尖锐的语调
  - 声音更大
  - 语速更快
- 合作性和灵活性下降：
  - 粗鲁
  - 轻微的不尊重
  - 增加"不"的回答或"我可以自己做"的回答

"准备行动"看门狗

如果看门狗开始觉得事情确实很危险，就会做好行动准备，准备拳打脚踢或逃跑（见图5-6）。看看这只看门狗的四肢是如何充满能量的。它的身体能量在增加，变得更加警觉，特地向四肢输送更多的血液和氧气，以便逃跑或战斗。"准备行动"看门狗专注于随时"准备行动"。它的能量就在它的表层，但……还没有被动员起来进行战斗或逃跑。

图 5-6

猫头鹰现在飞走了！它害怕"准备行动"看门狗，为了安全，它飞走了。这只看门狗没有任何猫头鹰大脑的特征，正如你将在第 7 章中学到的，我们不能再依赖猫头鹰大脑来帮助看门狗平静下来了。

以下是你的孩子可能会呈现的一些提示和线索，表明他们的"准备行动"看门狗大脑是主导。

- 攻击性和/或防御性的肢体语言。这种姿势的能量为你的孩子准备好拳打脚踢或奔跑，但这种能量仍处于准备模式，尚未释放：
  - 双手攥拳
  - 肩膀紧缩
  - 用姿势让自己显得"更大"
  - 腿部/大腿能量增加
- 身体运动/活动水平增加：
  - 踱步
  - 如果坐着，增加腿/脚的运动（踢腿、弯曲）
  - 从坐着状态站起来
- 身体运动不那么流畅；更猛烈突然更快速。
- 语言表达变得更加困难。句子变短，可能更具敌意，可能没有意义。
- 过度愚蠢而并非幽默好玩的言行：
  - 狂躁式的大笑
- 对立性显著增加。
- 在冲动性行动之前"暂停"的能力有限（记住，猫头鹰大脑已经飞走了)。
- 不合逻辑的或不合理的。

"后退"看门狗

随着对恐惧和危险的神经感知增加,看门狗开始行动起来。现在,看门狗已经准备好使用它准备好的所有能量。这只看门狗非常害怕,用可怕的行为来保护自己(见图5-7)。它试图让你后退!把你的孩子想象成一只吠叫、怒吠或咆哮的看门狗。他的行为很可怕,但这实际上是因为他很害怕,并使用了他最好的保护技能。

图 5-7

这只看门狗也可能参与逃跑反应,直接转身离开。这可能会让人感到非常不尊重,或者他们选择离开似乎是在控制局势。他们是这样的。记住,控制和不尊重他人的行为与恐惧和试图寻找安全感有关。

猫头鹰大脑已经完全……消失了。在第7章中,你将学会把这只看门狗视为一个巨大的停车标志,提醒你停下来,只关注安全和调节。

以下是孩子可能会呈现的一些提示和线索,表明他们的"后退"看门狗大脑是主导。

- 攻击性的面部表情、肢体语言和言语:
  - "空气"拳击或其他挑衅和威胁性的肢体语言和手势。

- ■ 言语攻击、"我恨你"式威胁、咒骂。
- 身体/肌肉紧张度持续增加：
  - ■ 幅度更大、更快、更强烈的身体运动。
  - ■ 这种增加的能量可能像火山一样在地表下酝酿。即使活动很少，也要注意极度紧张的肌肉。这只看门狗准备爆炸了。
- 更重更快的呼吸（和心率，如果你能注意到的话）。
- 音调提高，声音更大。
- 逃跑/逃避行为——跺着脚走出房间，跑出房子，甚至只是转头背对你。
- 语言变得"年轻"——更少的单词，重复的单词。
- "发脾气"——以激烈的方式表达能量，感觉势不可挡，不可理喻。

"攻击"看门狗

"攻击"看门狗认为，它正在面临直接危险，并将采取一切措施保护自己。"攻击"看门狗是具有身体攻击性的，你可能会看到拳打脚踢、随地吐痰和扔东西这种行为。

有时，看门狗学到，在无须真正攻击的情况下，实施威胁性动作是让人们撤退的有效方法。我见过孩子们"扔"不危险的东西（枕头或轻物），或者踢得很无力。缺乏强度让你知道他们不是在攻击。这很好！记住——行为只是提示和线索。随着时间的推移，你将学会追踪孩子的能量和活动。

只有当看门狗大脑认为自己处于直接危险之中时，它们才会真正发动攻击（见图5-8）。人类没有其他理由变得具有身体攻击性。对于人而言，其他人是最危险的捕食者，因此，当我们有动力与其他人建立连接时，我们也敏锐地意识到保护自己免受其他人伤害的必要性。

图　5-8

以下是孩子可能会呈现的一些提示和线索，表明他们的"攻击"看门狗大脑是主导。

- 危险行为
- 身体攻击（战斗！）：
  - 踢、击打、拳击、捏、扔、吐。

如果你养育的孩子经常表现出这个恐怖级别的看门狗行为，你的家人需要更多的支持。本书将帮助你找到提供调节、连接和安全感的方法，但可能不足以给你的家人带来安全。请联系你所在的当地社区心理健康机构，了解你所在社区可选的治疗方案。

我还想让你知道，我知道这个建议近乎荒谬。如果你当地的社区心理健康机构能帮助你，他们很可能已经帮你了。对于孩子生活在慢性"攻击"看门狗模式中的家庭来说，就是没有足够的选择。本书可能是帮助方案中的一部分，但我知道这还不够。我只能说，我希望它足够。我希望你的家人更容易获得你们所需的东西。

看门狗大脑（处于保护模式）概览

一旦看门狗检测到任何可能危险的东西，它就会切换到保护模式。随着恐惧和能量的增强，你的孩子的看门狗大脑处于不同的水平，它们的行为也会升级。"怎么了"看门狗闻到了麻烦的味道，变成了"准备行动"看门狗，然后变成"后退"看门狗。最后，"攻击"看门狗出来了，露出獠牙，准备咬人。佩里博士的状态依赖功能理论[1]解释说，当这些变化发生时，大脑中处于较低和更原始的水平的部分开始占据主导地位。看到了吗，"怎么了"看门狗同时生活在大脑的边缘区域和皮质了吗。"怎么了"看门狗与大脑皮质——猫头鹰大脑的位置还有一点联系，但"准备行动"看门狗已经完全进入边缘区域，不再和皮质/猫头鹰大脑相连接。"后退"看门狗的位置更低，"攻击"看门狗则完全生活在脑干中（见图5-9）。

图 5-9

你的孩子由他越底部的大脑部分主导,他们的行为就越幼稚。还记得大脑是如何自下而上、自内而外发展的吗?[2] "准备行动"看门狗有点儿像学龄前儿童,"后退"看门狗像学步儿,"攻击"看门狗像婴儿。这些是他们在那个年龄时大脑发育的部分——这有助于解释为什么你10岁的孩子一遍又一遍地说"牛奶、牛奶、牛奶",而不是只要一杯牛奶或自己去找牛奶喝。

当我们感受到威胁时,这些变化就会发生在我们所有人身上。当我的看门狗大脑接管时,我会像个学步儿一样发脾气。有时逻辑会帮助我再次合理行事,但通常情况下不会。往往我只需要休息一下,我可能会吃点儿零食或慢跑,甚至只是出去晒晒太阳。有时我只需要远离任何导致我的看门狗抓狂的东西。

当我们开始考虑使孩子的看门狗获得安全感的干预类型时,理解这一概念很重要,即你的孩子在他们的看门狗通路中走得越远,他们就越由更底部的大脑部分主导,从而变得越幼稚。

认识负鼠

亲爱的读者,我非常荣幸能向你介绍负鼠大脑。

哦,我多么喜欢负鼠大脑啊。负鼠是如此地英勇。我不仅对那些与我分享他们的看门狗大脑的孩子充满感激,而且对那些愿意把他们的负鼠大脑带到我办公室的孩子也充满感激。他们太勇敢了。

还记得我告诉过你,当神经系统转变为保护模式时,可能会采取两条通路吗?一条是看门狗通路,它是由能量的显著增加推动的,我们刚刚在上面探讨过。

另一条是负鼠通路,它涉及能量的显著减少。聪明的负鼠以装死、瘫倒的求生行为而闻名。负鼠在保存能量,而看门狗消耗大量能量。看门狗的心率会加快,将血液和氧气输送到身体最远端(拳头和脚),但负鼠会保存所有的能量并将其放在躯干里。

这个策略太棒了!尽管负鼠认为存在生命威胁,但它仍然保持着一点儿希望。孩子的负鼠大脑正在倾听古老的进化智慧:"保存你的能量,这样如果剑齿虎抓住你,你就不会流血致死!"

负鼠的姿势是一种瘫倒的状态:肩膀向内折叠,下巴向胸部下垂,有时手、手臂甚至腿向躯干挤压。如果你仔细观察,你会发现聪明的负鼠在保护头部和躯干。当你的孩子在负鼠通路时，他们可能会把手臂交叉放在胸前，让头垂下来，或者蜷缩成一个球，把自己塞到床或沙发的角落里，又或者坐着时双臂环抱弯曲的膝盖，下巴放在膝盖骨上。

就像看门狗一样，负鼠有五种不同的反应方式，这取决于神经感知的危险程度。同样，当对负鼠大脑的每一个变化水平进行调整时，父母的反应将是最有效的。看门狗大脑和负鼠大脑之间的一个区别是，大多数负鼠大脑的干预措施适用于所有级别的负鼠大脑。我们将在第 8 章中讨论这个问题。

负鼠大脑的行为不被注意到是很常见的。有时负鼠大脑的行为并不被认为是"糟糕的"，所以它并不总是得到它所需要的承认，因为它已经非常、非常害怕了。在既有看门狗又有负鼠的家庭或教室里尤其如此，大量能量很容易就被分配给看门狗大脑状态的孩子，因为他们看起来更危险，而负鼠大脑状态的孩子则被忽视。

事实是，即使负鼠的行为看起来不像看门狗的行为那样具有破坏性，但进入负鼠通路的神经系统会让我们知道这个人非常害怕。有时，孩子经历过极度恐怖才会形成这样的神经系统，他无法使用他的胳膊和腿来保持安全——无论是逃跑还是战斗。保持安全的唯一方法是变小，保护重要器官，并试图消失。对于许多非常年幼的儿童来说，如果经常锻炼这条通路，未来即使在不会危及生命的情况下，它也会成为首选通路。

与由负鼠大脑主导的人互动可能会令人沮丧——如此令人

沮丧，以至于有时养育负鼠大脑的孩子会唤醒父母的看门狗大脑！当你试图与负鼠大脑连接时，最重要的一件事是要记住，它们实际上非常非常害怕。记住这一点通常会帮助你的猫头鹰大脑停留更长的时间。正如你所能想象的，看门狗对负鼠来说相当可怕。

"我很安全"负鼠

当负鼠神经感知系统从每秒1100万比特的数据中接收到更多的安全提示，而不是危险提示时，它可以保持冷静和连接。猫头鹰大脑在掌管一切！负鼠过着美好、快乐、放松的生活。我想我很安全！负鼠懒洋洋地躺在沙滩椅上，戴着墨镜，手里拿着饮料（见图5-10）。这只负鼠过着最好的生活。

图 5-10

"我很安全"负鼠可以从紧急刹车中借用一点儿能量，成为一只平静的负鼠（见图 5-11）。这些平静的负鼠喜欢窝在沙发上看电影，或者听着睡前故事逐渐入睡。平静的负鼠喜欢有很多连接，很安静。

图 5-11

有可能你从未见过这个平静的负鼠。当我说负鼠帮助孩子们逐渐入睡时，我认识的许多家长都惊讶地扬起他们的眉毛。在那些家庭里，没有人能逐渐入睡！只能是疲惫不堪之后倒在床上的一声巨响。

我知道他们的意思！就像"我很安全"看门狗需要大量的练习才能玩耍（安全，以精力充沛的方式），"我很安全"负鼠需要大量练习来保持平静（安全，以安静的方式）——比如蜷缩或逐渐入睡。和我一起工作的很多孩子都没有得到很多这样的安全体验。有些孩子可能会不惜一切代价避免安静，因为这感觉太可怕了。在最极端的情况下，过度活跃的负鼠大脑会导致孩子陷入崩溃。他们一直在睡觉，或者他们努力不入睡，直到他们的身体崩溃。

在第 6 章中，我们将深入探讨猫头鹰大脑的成长过程。你可能会发现，猫头鹰大脑的发育有助于你看到孩子身上存在的你甚至不知道的部分！比如在操场上玩捉迷藏游戏，而不会升级为暴力或发脾气的能力，或者在逐渐入睡之前与他们的毛绒动物玩具和平依偎的能力。

"梦幻地带"负鼠

当一些潜在危险引起负鼠大脑的注意时，比如草地上轻微的沙沙声，这可能是一只饥饿的狐狸，负鼠大脑就会漂流到梦幻地带（见图 5-12）。当负鼠在梦幻地带时，神经感知到的威胁仍然很低，负鼠大脑可以与猫头鹰大脑交流。负鼠大脑正开始从保护性自闭的滑坡向下滑，但也可能对猫头鹰大脑的干预持开放态度，以便在帮助下恢复安全感、连接和调节（见第 8 章）。

图 5-12

以下是孩子可能会呈现的一些提示和线索，表明他们的"梦幻地带"负鼠大脑是主导。

- 凝视太空（"梦幻地带"）。
- 平淡的面部表情：
  - 缺乏表情
  - 眼睛和嘴巴周围的面部肌肉变得松弛
- 与你断开连接。
- 看起来很无聊，甚至表达说他们很无聊。
- 避免连接、玩耍或工作，包括"回避工作"。
- 看起来心烦意乱，注意力不集中，无法完成任务。

当我们更深入地了解负鼠大脑时，你会发现，了解孩子的负鼠大脑水平取决于你与他们相处的经历。为了真正感受到孩子的能量，你必须在自己的猫头鹰大脑中，清楚地感受到自己的能量。这将帮助你感受到自己和他们的能量之间的差异。

"骗子"负鼠

我们从这只负鼠身上看到的行为、指示和线索往往令人惊讶!如果我们不仔细观察的话,就会相信"骗子"负鼠呈现出处于连接模式的状态,而不会有需要保护和断开连接的行为。真是个骗子!

"骗子"负鼠(见图5-13)依赖于过度顺从和虚假连接的行为。那是因为这只负鼠是断开连接的,甚至与它自己都没有连接!它感觉不够安全,无法呈现真实和真诚,所以相应地,它试图让其他人都开心。毕竟,快乐的人通常不会生气、带来威胁或其他危险。这就像这只负鼠戴着一个面具。这只负鼠可能会说"好的",而你明明知道它不同意,或者可能根本没有听到问题。它可能会说"我不知道",从而避免产生可能被认为是"错误的"想法或感觉。

图 5-13

有一个非常顺从的孩子会让人感到很轻松，尤其是如果你家里有其他不听话的看门狗或负鼠。我们中的一些人学习到，顺从是爱和尊重的象征，所以我们甚至可能会奖励或鼓励这种行为。但顺从与合作不同。合作是满足双方的需求，但顺从通常更基于恐惧，涉及满足更强大的人的需求和欲望。

有时，处于这种"骗子"负鼠大脑状态的孩子的行为有点儿像机器人，他的声音和动作可能看起来过于僵硬或自动化。这样的孩子有时会让我想起《星际迷航》中的机器人 Data。

以下是孩子可能会呈现的一些提示和线索，表明他们的"骗子"负鼠大脑是主导。

- 机器人一般的语音或语调。
- 极端讨人喜欢的行为：
  - 总说"是的！"
  - 总说"我不知道"
- 动作和身体可能会变得极其缓慢——几乎就像它们在蜜糖中移动，而且无法集中精力做事。
- 他们有时完全没有道理，而且这一点很容易被别人忽略！你好像在与他们进行一次非常合理的对话，然后你意识到你实际上非常困惑。

"关机"负鼠

最终，负鼠开始关闭自己、停止活动（见图 5-14）。这与梦幻般的"梦幻地带"负鼠不同。当负鼠开始停止活动时，它们的身体开始瘫倒，活动变得困难。它们的身体向内卷曲以保护头部、颈部和躯干。负鼠可以在被剑齿虎撕裂手臂后存活下来，但它们在躯干或头部受伤后存活的可能性要小得多。

图 5-14

记住！负鼠不仅仅害怕危险，它们也害怕死亡。当神经感知到危及生命的危险时，负鼠大脑就会出现。当负鼠开始停止活动时，它相信死亡迫在眉睫。我知道这没有道理。但我们必须记住，我们现在的现实是由我们对现在发生的事情的经验，结合我们对过去发生的一切的记忆所创造的。当反应似乎与现实不符时，我们很可能正用一个被过去所淹没的头脑在进行反应。一个有活跃负鼠通路的儿童有非常敏感的压力反应系统，并且有太多使用负鼠通路来保持安全的经验。

以下是孩子可能会呈现的一些提示和线索，表明他们的负鼠大脑开始关闭：

- 明显缺乏眼神交流；眼睛向下看，同时头也总向下倾斜。
- 身体向内塌陷，形成"C"形。膝盖可能会碰到胸部。手臂和手在头部和躯干前面。
- 极其缓慢和迟钝；可能拒绝或无法移动（比如起床）。
- "小鹿眼"——看起来很警觉，但似乎对当下发生的事情没有反应的眼睛。
- 停止说话。
- 脸颊明显地失去红润。
- 可能会失控地哭泣，让人感到沮丧，而不是看门狗"发脾气"的强度。

"装死"负鼠

装死是负鼠为生存所做的最后努力（见图 5-15）。这种策略之所以有效，是因为许多捕食者会远离死去的猎物，伴随装死时出现的解离也有助于保护负鼠免于痛苦的情绪和感觉。

图 5-15

是的，我知道：你生活中装死的孩子几乎肯定不会面临真正死亡的风险。但所有的行为都是有道理的，这种行为告诉我们，这个孩子正在神经系统中感受到极端的危险和生命威胁。这种情况对父母来说是压倒性的、令人沮丧的、极其悲伤的和令人疲惫的，他们必须不断记住他们孩子敏感的压力反应系统。

如果你的孩子经常有"装死"行为，请立即寻求专业的心理健康人员的帮助。虽然你从本书中学到的一切都将帮助你为你充满恐惧的负鼠大脑状态的孩子创造安全，但这种程度的神经系统失调需要专业的医疗和心理健康服务。

以下是你的孩子可能会呈现的一些提示和线索，表明他们的负鼠大脑正在装死：

- 完全无响应
- 昏厥（或由于非嗜睡症原因而突然入睡）
- 导致与现实完全脱节的解离

负鼠大脑（处于保护模式）概览

一旦负鼠发现任何可能有危险的东西，它就会进入保护模式。随着恐惧的增加，负鼠越来越瘫软。它从梦幻地带开始，到表现得像个骗子，到关机，再到装死。让我们再次转向佩里博士的状态功能相关理论。[3] 随着负鼠大脑中的能量持续减少，大脑的底部和更底部开始发挥作用。看见"梦幻地带"负鼠是如何生活在边缘区域和大脑皮质的吗？这只负鼠仍然与猫头鹰大脑所在的大脑皮质有一定的联系。一旦负鼠戴上面具，成为"骗子"负鼠，它就已经完全进入大脑的边缘区域，不再与大脑皮质／猫头鹰大脑相连。"关机"负鼠向下移动到脑干中，"装死"负鼠则完全在脑干中（见图5-16）。

图 5-16

随着负鼠的瘫倒，孩子变得越来越断联，与他自己和你。当你的孩子处于负鼠通路时，他们除了尽可能地变小之外，什么都不想，在某种程度上，他们想隐身。他们开始表现得越来越幼稚。"关机"负鼠和"装死"负鼠在几乎所有事情上都需要帮助——就像婴儿或学步儿一样。

就是这样。我有一个过度活跃的负鼠通路。我现在的生活非常安全。我们住在一个安全的家里，经济稳定，有很多支持。即便如此，有时我的负鼠大脑会接管一切。当它发生的时候，你对我说什么也无法帮助我恢复猫头鹰大脑。逻辑和文字，在某种程度上，甚至现实也变得完全无关。由于我一直在努力了解我的负鼠大脑，我现在知道它需要的不是安慰性的词语。我的负鼠大脑需要休息，然后它需要一些经验来帮助我重新感受我的身体。洗个热水澡，喝杯热咖啡，或者在树林里散步。想想我们如何安抚婴幼儿。不是用安慰的话，而是用能让他们的身体感觉更好的东西，比如洗澡、奶瓶或在婴儿车里被推着散步。

了解我的负鼠通路的行为有助于我识别何时处于负鼠通路，并帮助我知道该怎么办。这正是为什么你要开始密切关注孩子的猫头鹰、看门狗和负鼠大脑行为。

追踪猫头鹰、看门狗和负鼠大脑

来到本章的结尾，你对孩子行为的看法可能已经被影响到了。我请你密切关注，让你最好奇的猫头鹰大脑，去关注你的孩子那些看起来并不邀请连接的行为。这是一种能量增加的看门狗行为，还是能量下降的负鼠行为？有些行为会立刻变得更加有道理。

也许你的孩子似乎对几乎所有的问题都说"我不知道"。也许你的孩子似乎陷入了对抗状态，对任何事情都说"不"，甚至对去做一些有趣的事情的邀请也是如此！

也许你现在能以新视角看待孩子激烈的踢腿或摆动行为。当他们达到一定程度的失调时，你会注意到他们说了很多关键短语，大多数时候，他们说的话都没有任何道理！比如"你恨我""你对我很刻薄"或"你总是告诉我我做错了一切"，而你所做的只是提醒他们今天晚上要扔垃圾。

有时，你会开始更多地将这些行为视为他们的看门狗大脑和负鼠大脑的线索，而不是关于不尊重或控制。

如果你的猫头鹰大脑喜欢结构化思考，你可以开始列出你的孩子的猫头鹰、看门狗和负鼠大脑的行为清单。我在本章中给出的性格特征只是一般性的提示和线索。每只看门狗和负鼠都有点不同！通过练习，你将能够专注于如何与挑战性行为背后的能量工作，而不是改变行为本身。

我还鼓励你开始注意你自己的猫头鹰、看门狗和负鼠大脑的行为。如果你能意识到自己的提示和线索，你通常可以在猫头鹰大脑中停留更长的时间。这对你和你的孩子都有好处！

Raising Kids
with Big, Baffling
Behaviors

第 6 章

培育猫头鹰大脑的育儿策略

自从你对我生气的那次咨询以来,事情发生了变化。这么长时间以来,你不得不成为周围人的协同调节者。但那一天,你成了失调的那个人,并感受到了我的协同调节所带来的安全感。从那时起,我们的合作加深了,现在我们的关系中有更多信任。这个结果就是我想要你和萨米达到的结果。

我今天首先提出一个问题。"萨米需要什么,"我问你,"才能让她最终取得成功?"

你盯着我看,眨着眼睛。

"这不是我付钱让你告诉我的事吗?"你问道,带着足够的愤怒,让我的内心产生一阵喜悦。你把你戏弄的微笑藏在一大口咖啡后面。

"好吧,是的,算是吧。"我微笑着说,"我的意思是，你来这里，是因为我很了解行为科学。但你很了解萨米。所以我可以给你一些好主意，因为我以前走过这条路。但你是唯一一个能接受这些想法并使其为萨米工作的人。"

"等等。"你把杯子放在边桌上，说，"你不打算告诉我该怎么办吗？"

"你希望我这么做吗？"

"是的！"你很惊讶。这当然是你想要的。

"这是其他家长教练和治疗师所做的吗？"我问。

你耸耸肩，好像这是显而易见的。"是啊！"

"啊，"我考虑着说，"那有帮助吗？"

"好吧，"你说，然后停顿一下，"我想是的。我的意思是，一开始很有帮助。"

"好的，"我表示同意，"给你有结构的、清晰的指引，是让你的看门狗大脑和负鼠大脑平静下来的好方法！这绝对非常重要，而且它很有帮助，这很好。所以，当然！我可以做一点儿直接告诉你该做什么的事。"

你疑惑地看着我。你知道这里有一个陷阱。

"但实际上你远比我更了解萨米，"我说，"没有人比你更了解她——当然，除了萨米，她才是真正的专家。但鉴于你所知道的，萨米需要什么，才能让她成功？"

"嗯……"你停下来思考一下，"当然，要有更多的调节。就好像我一移开视线，她就表现得不好。是故意的！我真的不能相信她。"

"哦，是的，这是最糟糕的感觉！就像，只要你像鹰一样看着她，她就会表现得很好。但当你转身的那一刻，她就违反了所有的规则。"我很有信心，萨米的行为与信任无关，但我知道看起来像是那样。我努力去确认你的感受，而不是确认你的结论。

"是的！她认为我蠢还是怎么样？就好像我不会发现一样？她觉得她也不会惹上麻烦？"

"好问题！我想你在这里说的是萨米的猫头鹰大脑，对吧？萨米的猫头鹰大脑绝对知道规则。"

你点点头。

"好吧。萨米的猫头鹰大脑也知道后果吗？"

你又点了点头。

"而且萨米的猫头鹰大脑非常肯定你总是会发现的。"

"对！"

"好吧，太好了——我们在这方面意见一致。所以，如果萨米的猫头鹰大脑知道所有这些事情，她为什么要做会给她带来麻烦的事情？"

"她不在乎规则或后果？"

"好吧，也许吧。事实上，考虑到萨米来到你家之前的生活经历，很少有惩罚能让她觉得像过去那么难受。但我不确定这才是真正的原因，如果我们相信受调节、有连接、有安全感的孩子会表现良好。"

"嗯。好吧，是的，我明白你的意思了。那么，一切的答案就是她没有受到调节、没有连接或没有安全感？"

"嗯，也许不是所有的事情。但一般来说，你是对的。我们总是可以从那里开始。"

首先同频。总是如此。如果我匹配你，就有机会建立连接。如果我们连接在一起，我们就有机会步调一致，以跟随-带领-跟随的方式进行共鸣之舞。我们共同培养的共鸣会让你更容易向萨米提供同样的共鸣。

你现在看起来真的很困惑。"但那有什么区别？当我看着她时或在她附近时，她都会遵守规则。"

"让我们想想，"我说，"发生了什么变化吗？"

"我猜，我停止看她？"

"对。"我同意，"如果我们认为这是关于调节、连接或安全感的——而不是萨米恶意策划如何在你一移开视线时就打破所有规则——我们怎么能理解这一点？"

"我不盯着她，这会带来一些东西，"你慢慢想出了答案，"这会改变她的调节、连接或安全感……？"

"没错。协同调节有时是一个非常积极的过程，你会给萨米很多脚手架式协调。也许你在满足她的需求，如进食或运动休息等，或者你提供了很多情感上的同频和在场。但协同调节也会被动地发生，有点儿像这种能量场——即使你没有积极地与她接触，也能让你们两个保持连接。"

"协同调节需要大量的身体亲密，直到它变得更加内化。即使你什么都不说、什么都不做，只要人在附近就可以提供连接、调节和安全感。当距离增加时，即使只是因为你分心或将注意力转向其他事情而导致了能量上的距离，看门狗大脑也会稍微活跃起来。而随着看门狗变得越来越活跃……"

"猫头鹰大脑飞走了。"你说完我的话。

"是的。"我说,"可以说,萨米的调节回路有点儿发育迟缓,她比同龄的其他孩子需要更多的协同调节——无论是主动的还是被动的。因此,帮助她成功发展的一个方法是缩小她与一个她信任的、受调节的、在场的成年人之间的距离。"我笑了笑。

"什么?"你问道。

"好吧,现在我想起了一个朋友最近告诉我的故事。为了帮助他的儿子在足球队取得成功,爸爸一直在球场上,在他的儿子旁边不停地跑,一直跑!当他的儿子感到足够安全,可以独自一人在球场上时,爸爸开始在场边跑来跑去。然后,爸爸可以只是站在旁边了。最后,他终于可以安心地坐下来了。但这时他又没法坐下来了,因为球队问他想不想来做教练,反正他一直都在场上!"我们都笑了——大声但疲惫。

"在我下周再次见到你之前,你要开始列出萨米所有挣扎的时间。课间休息?体育课?校车?合唱?让我们看看那些时候是不是萨米和一个受调节的、在场的成年人之间有更大距离的时候。我猜情况几乎总是如此。"

"然后怎么样?"你问道。

"然后,我们努力让萨米在那段时间里更接近一个受调节的、在场的成年人。她可能无法乘坐校车。如果没有你,她可能无法进入自己的房间接电话。如果我们要求萨米做超出她调节能力的事情,难怪她的猫头鹰大脑会飞走。我们除了增强她的猫头鹰大脑之外,什么都做不了——一种方法是通过缩小她与一个受调节的、在场的成年人之间的距离。"

你深深地叹了口气。

"那是一声巨大的叹息,"我说,内心感觉到对你的柔情,"告诉我你想到了什么。"

"我累了。"你听起来很累,"我太,太累了。你是在告诉我,出路是离萨米更近一点儿?花更多的时间和她在一起?"

"我知道,"我怜悯地说,"这不公平。父母希望随着孩子年龄的增长,他们的工作会变得更轻松。这是那种无法言表的愿望之一。这感觉就像是多年来积极育儿的回报。但萨米仍然需要你的参与,这让人筋疲力尽。你可能会很伤感。可能萨米也是一样。

"如果萨米摔断了她的手臂,你就必须像她小时候那样回去为她做事,帮她穿衣服,甚至喂她吗?这是一个类似的概念。萨米的调节回路的功能与一个比她小得多的孩子一样,所以我们必须提供更多的支持来帮助她的猫头鹰大脑变得又大又强壮。我真的不知道,她可能总是比其他同龄的孩子需要更多的帮助来保持调节。但我知道,培养她的猫头鹰大脑将有助于她取得成功。"

你叹了口气,但看起来更有希望了。你开始相信这个过程了。

我现在说话更轻松了,反射出你眼中的希望。"我保证,这并不是我增强萨米的猫头鹰大脑的唯一方法!我们还将考虑增加一些结构和可预测性,并为她的生活注入更多的同频和连接。还有我最喜欢的方法,我们会假装萨米是一株室内植物!我们会确保给她喂饱水,在她需要的时候移动她,给她充足的阳光。你知道,就像一株室内植物。"

我对你咧嘴笑了笑。你对我的笑话没什么感觉。没关系。从来没有人对我的笑话有感觉。

协同调节式育儿

当我们的孩子还是婴儿的时候,协同调节是培养他们的猫头鹰大脑所需要的,而现在,协同调节也是培养他们的猫头鹰大脑所需要的!

协同调节本质上涉及安全感和连接,对吧?为了真正提供协同调节,我们必须自己受到调节,我们的神经系统需要处于连接模式。"带着安全感、连接和协同调节来育儿"写起来(读起来也是)有点儿笨拙,所以我将简单地以"协同调节式育儿"来总结。

无论出于什么原因,你的孩子有一个过度活跃的看门狗或负鼠大脑。他们的压力反应系统是敏感的,所以他们对看似微小的压力源有严重反应。

当你心爱的孩子还是个小小的婴儿时,他会通过哭泣来表达痛苦。现在他长大了,声音很大,可能有臭味(这取决于他多大,以及他使用除臭剂的效果),他以不同的方式表达自己的压力：尖叫、咒骂、扔东西、吐口水、撒谎、偷窃、说伤人的话，或者在非常奇怪的地方撒尿。

这些行为如此之严重，令人困扰，有时甚至是危险的，以至于很难通过协同调节来应对。

但是，协同调节式育儿意味着，要记住将这些行为视为调节障碍，而不是你的孩子不好。基于协同调节的育儿方式意味着，在保持调节（而不是平静）的情况下满足孩子的需求。

需求是什么

调节，连接，安全感。

你的孩子可能还需要学习一些新技能。当我们对孩子抱有期待，而他们由于缺乏技能无法满足时，就会出现失调行为。但最好把技能教给猫头鹰大脑。因此，首先关注调节、连接和安全感，然后看看你的孩子需要什么技能才能成功。

当你的孩子处于猫头鹰大脑状态时，增加协同调节是非常容易的。用协同调节来应对孩子的调节障碍——他们的看门狗或负鼠大脑——感觉就像抓住一个火球，而不是伸手去拿灭火器并把火扑灭。你会想知道，这怎么可能是正确的回应方式。这会让人感到困惑。

你必须勇敢，对我说的充满信心。

当你对看门狗或负鼠大脑的行为没有反应时，让我们从增加协同调节开始。如果我们专注于这些"不良行为之外的时刻"

的猫头鹰大脑生长方式,你最终会看到更少的看门狗大脑和负鼠大脑时刻。你也会长出自己的协同调节"肌肉"(和猫头鹰大脑),对孩子的看门狗大脑和负鼠大脑进行协同调节会更容易(见第7章和第8章)。

你会在某一时刻问自己(或者对着天空尖叫,希望你这时能直接问我),这种育儿方式会如何教会你的孩子不要这样做。你会想:如果我不让我的孩子停止这种行为,我是不是只是在教他们,这样做是被允许的?让我现在继续回答这个问题:不是。看门狗大脑和负鼠大脑与猫头鹰大脑没有足够的连接,它们无法进行任何学习,包括"这样做也是被允许的"。

一般来说,孩子不会混淆什么是适当的行为,什么不是。孩子的行为失调,并不是因为他们"认为这样做是被允许的"。他们知道这样做是不可以的,但他们就是这么做了。

教导他们这样做是不可以的,并不能解决真正的问题。真正的问题在于他们的调节、连接或安全感。让我们解决这个问题!

本章概述了六种具体的工具进行协同调节地育儿:

- 缩小距离
- 室内植物式养育(食物、水、活动)
- 结构、常规和可预测性
- 同频
- 脚手架式协调
- 增加连接

缩小距离

如果你养育的是一个你觉得不值得信任的孩子,一个经常违反规则或制造混乱的孩子,那么你养育的就是一个还没有足够内化协同调节的孩子。他的调节回路还没发展好。这与信任无关,这关乎协同调节、安全感和连接。

你现在能实施的最有效的干预措施是缩小你的孩子和受调节的成年人之间的距离。根据需要,尽可能经常地缩小距离。

你知道小狗需要不断的监督,这样你就能注意到它们开始四处嗅来嗅去的那一刻,并在它们尿到你的地毯上之前迅速把它们带到外面吗?或者这样你就可以很快用咀嚼玩具代替啃沙发腿了?如果你不在小狗身边,你就无法迅速干预,它们会发展出神经通路,就是在你最喜欢的地毯上撒尿,咬你的沙发。

作为小狗的主人,你的责任是为它们创造一个环境,在这个环境中,成功是唯一的选择。在外面尿尿!咬咀嚼玩具!

同样的理论也适用于你的孩子。这意味着不断询问你的孩子需要什么,这样成功才是唯一的选择。

就像我让娜特做的那样,列出孩子通常挣扎的情况。然后问问自己,在那些时候,他们离一个受调节的成年人有多远。

家长们经常告诉我,他们的孩子在课间休息时会惹麻烦。他们不能把孩子送到朋友家玩,当然也不能把孩子送去电影院或商场。家长们告诉我,他们的孩子由于行为失控而被禁止乘坐校车。我认识的大多数父母在没有直接监督的情况下,甚至不能让孩子在家里的另一个房间里玩。

受调节、有连接和有安全感的孩子表现良好。当我们的孩子表现不佳时，他们需要更多的调节、连接和安全感。

在我们的孩子将足够的协同调节内化到他们自己的大脑和神经系统中之前，我们无法在远处给予调节、连接和安全感。如果你在读这本书，我想假设你认识一个这样的孩子，他在自己的大脑和神经系统中没有足够的内化的协同调节。

不良行为并不是缺乏信任。这是缺乏内化的协同调节。

当你真正意识到你必须比预期的更积极、更长时间地去管理孩子时，你肯定会觉得很悲伤。你可以感受一下。给自己很多怜悯。也许你可以直接跳到本书的第三部分，在那里我会帮助你培养你的猫头鹰大脑，这样你就可以容忍更多一些的挑战性行为。

然后缩小距离。

当他们抗议

信不信由你，我认识一些孩子，当他们的父母开始让他们的世界变得更小时，他们松了一口气。然而，通常情况下，孩子并不完全感激你新发现的策略，哪怕这些策略将帮助他们的成功成为必然。

缩小距离可能感觉像是一种惩罚，尤其是当你的孩子在与他们的行为进行斗争之后，才设置了这些新界限。这种反应非常合理，是孩子感受的有效方式。

你的工作是确保你不以实施新界限作为惩罚。你的意图可能不会改变最终结果（不再乘坐公交车），但它会改变你告诉孩子新界限的方式。

实施新界限，同时对孩子的成功做出坚如磐石的承诺，并愿意努力帮助他们取得更大的成功。

当他们抗议时，请记住，他们可以有自己的感受。他们可能会翻转到他们的看门狗大脑或负鼠大脑中。没关系的，因为在第 9 章结束时，你将知道如何应对看门狗大脑和负鼠大脑的行为。

室内植物式养育

我喜欢既简单又有力的干预措施，而这个干预措施同时满足了这两项！当我们照料室内植物时，尤其是当它们长得不好时，我们会确保土壤营养丰富——我们"喂养"它们。我们检查它们的水合作用——给它们浇水。我们要考虑它们的环境，如果它们被困在尘土飞扬的角落或拥挤的置物架上太久，我们就会把它们移走。最后，我们确保给它们阳光。人类的需求与室内植物非常相似。把你的孩子看作室内植物来养育是一种简单的方式，可以满足他们对安全感的需求，并最终培养他们的猫头鹰大脑。

喂饱他们

对于神经系统脆弱的儿童，尤其是有关系创伤史的儿童来说，食物是一个复杂的问题。我们不会在这本书中解决这些问题，但我们可以采取一些简单的步骤，通过食物和喂养的角度来增加孩子的安全感。如果你有一个孩子正在与极度挑食或食物成瘾进行斗争，请参阅卡特娅·罗韦尔（Katja Rowell）博士的《爱我，喂养我》(*Love Me，Feed Me*) 一书。[1]

每两小时

你的孩子是否足够规律地吃零食或用餐？如果你有一个长期失调的孩子，可以考虑增加零食和膳食的频率（和质量）。经历过关系创伤史的孩子经常需要实际的提醒——总有足够的食物给他们吃。提供零食可以清楚地传达这一信息。

神经系统脆弱的儿童可能对几个小时不吃东西时，身体发生的微小生理变化格外敏感。通过规律的、营养丰富的、富含蛋白质的零食来防止血糖波动是有帮助的。

对于神经系统脆弱的孩子来说，与一种叫作内感受的东西进行斗争也是很常见的，内感受是一种从我们身体内部监测和传递信号的感觉。当我们的胃产生饥饿感的时候，内感受会告诉我们的大脑。你可能有一个无法"接收"到这些提示的孩子，如果不把食物塞给他，他可能会很长时间不吃东西。

保持食物可见

在新冠疫情期间，我遇到一位母亲，她开始把不易腐烂的食品存放在橱柜外。把食物放在柜子上面、厨台上，除了紧闭的橱柜门后面，到处都有食物。这太棒了！你已经知道猫头鹰大脑和看门狗大脑并不总是相互交流。猫头鹰大脑绝对可以知道食品储藏室里有很多食物，但看门狗大脑可能需要看到才能知道。

保持食物可及

在你的房子里创造一个地方，里面装满孩子喜欢的食物，可以随时吃，不用问，即使是在晚饭前五分钟。这可能是冰箱里的一个特定抽屉、食物储藏室里的一只篮子，或者柜台上的一个大碗。我认识的一个家庭用一个宿舍小冰箱作为孩子的"随时取，随时吃"冰箱。另一个家庭给孩子准备了一个腰包，里面塞满了零食。随着孩子的安全感增强，尤其是与食物相关的安全感增强，你可以在饮食和零食方面实施更多的规则。但在此之前，请专注于传递这样一个信息：食物总是随时可及的。

极度挑食和食物至上

在我工作的几乎每个家庭中，食物都是巨大的压力来源。探究与食物相关挑战的细微差别超出了本书的范围。我再次鼓励你阅读卡特娅·罗韦尔博士的《爱我，喂养我》。

给他们浇水

人的脱水可能发生得很快，而且没有很多预警。通常，当我们意识到自己口渴时，一定程度的脱水已经发生了。脱水会将孩子的安全感推向"危险－危险"状态，因为生存实际上取决于是否有足够的水喝。

理想情况下，水是孩子喝的最好的东西。但我和你一起生活在现实世界中，我知道很多孩子（和成年人）因为不喜欢水的味道而喝水不充分。让你的孩子无限量地得到他们想喝的任何营养丰富的液体。我认识一些孩子，他们喜欢气泡水或调味气泡水，这种水通常不含任何添加的甜味剂。有些孩子喜欢用水果调味的水，那就放一片橙子，几颗草莓，一片黄瓜，甚至一片柠檬。

如果你的孩子拒绝任何不是果汁或苏打水的液体，看看你能不能把它冲淡一些。你甚至可以试着用气泡水把它冲淡，这可能会让它感觉更像苏打水。但如果他们除了果汁或苏打水什么都不喝，那就给他们果汁或苏打。如果我们不从内心创造安全感，其他所有的育儿策略都会像从泰坦尼克号上舀水一样无济于事。

记得尝试热饮！许多孩子会喝茶或热可可，并觉得安慰。

把他们的身体放进水里

当我儿子还小的时候，有时我们唯一能为他失控的看门狗大脑所做的事，就是把他放进浴缸。水具有神奇的特性，有很多原因，但让我们从这一点出发——它有魔法。

当你的孩子表现出他们的猫头鹰大脑即将飞走时，试着提供淋浴或泡浴。用特殊的玩具、泡浴炸弹或泡泡让泡浴时间具有滋养性，你甚至在他们泡浴时给他们零食、一杯热巧克力或茶！

我在得克萨斯州住了 15 年，基本上全年都是游泳的天气。尽可能多地去游泳池改变了一些与我工作过的家庭的生活。后院的一个小游泳池可能正是你的孩子保持猫头鹰大脑所需要的。玩水管或洒水器，甚至只是玩水槽里的水，都可以呈现这些神奇的水的特性，增强猫头鹰大脑。

考虑一下，泡浴时间不仅仅是为了准备睡觉，或是为了清洁，这肯定会引起看门狗的注意。相反，在一天中不寻常的时间提供泡浴，并且只是为了好玩。甚至不需要使用肥皂！发挥创意，想办法增加孩子玩水和喝水的时间。

让他们运动

我们的许多孩子并没有像他们真正需要的那样频繁或使劲地运动。运动会给我们的身体一种"我存在！我在这个世界上很稳固"的感觉。当我们没有足够的运动时，我们的内心世界开始向猫头鹰大脑发出危险的信号，这使看门狗大脑或负鼠大脑更容易出现。

我们基本上一直需要运动。在写这本书的时候，我必须提醒自己站起来伸展。我坐在一把可摆动的办公椅上，有时我在跑步机办公桌上工作。

鼓励你的孩子在学校完成他们的运动需求，并强烈要求你的孩子永远不要失去休息时间。我与学校和老师很真诚地合作，但如果学校坚持要删除课间休息时间，我允许自己设定一个明确、坚定的界限。这是一个我不会让步的问题。

放学接上孩子后立即带他去公园。如果可能的话，让他们步行或骑自行车上下学。重新思考你对烦躁行为的看法，并重新考虑孩子需要做家庭作业时的情况。一定要确保他们在放学后和写家庭作业前有足够的运动。如果他们能出去晒太阳，那就可以获得加分——阳光和大自然能迅速为我们的身心提供安全感，它们理应得到更多的赞扬。

我可以写一整本关于照顾孩子的运动和感官需求的书，但我不必写，因为我亲爱的朋友兼同事马蒂·史密斯（Marti Smith），一位职业治疗师，已经写了一本很棒的书《连接的治疗师》(*The Connected Therapist*)，在书中你可以获得如何支持孩子身体发展的实际方法。[2]

结构、常规和可预测性

我们的大脑帮助我们保持安全的主要方法之一，是根据我们过去的经验，预测并为接下来会发生的事情做好准备。当大脑不确定接下来会发生什么时，这是危险的提示。对于神经系统脆弱的人来说，他们的大脑往往会用比接下来真正发生的事情更危险的想象来填补空白。

你可以通过为孩子提供尽可能多的结构、常规和可预测性来防止这种危险感，同时不会变得过于死板。良好的结构不是僵化的，事实上，它允许灵活性。

看看孩子的时间表。它是可预测的吗？他们通常知道接下来会发生什么吗？时间表张贴在什么地方了？它可以像挂上一个干擦板日历一样简单。在我家，我们有两个。周历中包含了很多关于我们家庭每个人日程安排的细节，月历提供了一个很好的"一月一览"的概况。

如果你的孩子还不能阅读，你可以简单地制作一个图片日历。我保证，你不必有任何手工技能，也不必把它制作得漂亮到可以放在社交媒体上。在网上搜索"醒醒""服药""刷牙""挂背包"等内容。复制、粘贴和打印。如果你想让它变得更精致，可以塑封它们，这样你的孩子就可以用记号笔划掉他们完成的任务。塑封机并不昂贵，而且提供了令人惊叹的乐趣。你会惊讶于你突然觉得有必要把从牙医办公室收到的提示明信片塑封起来。

当你在做一些新的事情，甚至是去一家新餐厅这样平凡的事情时，尽可能多地获取有关它的信息。在网上查看餐厅的图片，然后查看菜单。你的孩子可以在你们去餐馆之前就选择好他们想吃什么。如今，几乎每家企业都有一个网站。你可以找找电影院、游乐园和眼科医生办公室。去找新的治疗师？请他们发送一张办公室的照片。我为许多新来访者做过这件事，甚至把我新办公室的照片发给了几个神经系统特别脆弱的长期来访者。

给孩子所需的结构可能真的很有挑战性，尤其是如果你和我一样，在自己的生活中不是特别有结构。如果你喜欢自发性，但正在养育一个需要结构才能有安全感的孩子，那么一定要在你的成年生活中找到有自发性空间的地方。

疯狂卡

当我接受基于信任的关系干预（Trust-Based Relational Intervention，TBRI）培训时，已故的卡琳·珀维斯（Karyn Purvis）博士建议家庭有"疯狂卡"。这实际上是一张真实的卡片，父母可以拿起它递给孩子，以表示日常生活的暂时改变。当你的孩子知道疯狂卡的存在时，即使他们的日常生活被打乱，疯狂卡的使用也可以让结构依然存在。

将疯狂卡放在你的手提包、钱包或杂物箱中。如果你通常在接孩子放学后直接去操场，但今天你必须得先去药房拿处方药，你就可以把疯狂卡给孩子，跟孩子解释为何会发生这样的行程变化。

当这种行程变化导致的日常干扰出现时，我不保证这可以避免孩子的看门狗大脑或负鼠大脑被激活，但它可能会降低看门狗大脑或负鼠大脑反应的强度。随着时间的推移，当面对日常生活中不可避免的扰乱时，疯狂卡可能会帮助孩子的猫头鹰大脑保持在线。

同频

在《由内而外的教养》（*Parenting from the Inside Out*）一书中，丹尼尔·西格尔和玛丽·哈策尔将同频定义为"使你自己的内部状态与孩子的内部状态保持一致。通常由分享非语言信号来实现"。[3]

同频是指，当我们走进孩子的世界，进行交流："我感觉到了你。我能感觉到你的感受。我现在和你在一起，即使你的感受很不舒服。"

当我们的孩子感觉良好、表现良好时，同频是很容易的，但当我们的孩子感觉不好或表现不好时，我们往往必须更有意识地与其保持同频。同频可能会是这样："你因为不能去塞尔吉奥家而感觉特别生气",或者"我明白,你感觉我们真的很不公平"。同频也会是："你觉得你恨我!"

同频并不会发出"你的表现很好"这样的信息。同频传达了这样一个信息："你所有的感受对我来说都很重要,即使是那些强烈的、不舒服的感受,甚至是那些我不赞同的感受。"

正如丹尼尔·西格尔和玛丽·哈策尔所说,同频与我们的非语言交流和肢体语言有很大关系。我们通过我们的眼睛、身体姿势、能量和语调来传达我们的同频。

即使你的孩子很粗鲁,也要想办法增加同频。当他们还没吃饭就开始抱怨"这顿晚饭太恶心了"时,你很容易做出恼怒的回应。"我用一个小时来做这顿晚饭,然后你只会说,它看起来很恶心?"你的感觉是合理的!一个同频的反应更可能是,"你只要看一看,你就知道自己肯定不会喜欢这顿晚饭!"

同频并不意味着无视粗鲁的行为。跟着同频的反应之后,你可以说:"你爸爸花了很多时间为我们做这顿晚饭。你可以不喜欢这顿晚饭。但是不可以粗鲁。下次,你可以试着说,'我不想吃这个。我能给自己做一个花生酱三明治作为晚饭吗?'"

同频也意味着去同频你的孩子对你同频的反应。如果你的孩子通过告诉你闭嘴或你错了来拒绝你的言语同频,或者他们变得更加失调而不是更少失调,那么你就专注于非言语同频。也许你可以用自己的表情来表达,"是的,我明白了"。如果你的孩子非常坚决地拒绝所有的同频尝试,那么把注意力转移回你自己身上,这样你就可以留在你的猫头鹰大脑中。做一个不断拒绝与你建立连接和协同调节的孩子的父母是很困难的。

脚手架式协调

脚手架式协调是一种我们经常无意识使用的育儿技巧——甚至不用去刻意想它——当我们的孩子在技能和调节方面有所成长后,我们慢慢减少了提供的支持。

作为父母,我们以脚手架式协调的方式培养孩子发展一切能力。为了慢慢培养他们发展出可以吃千层面的能力,脚手架式协调的方式是:我们首先只喂孩子液体;然后变成果泥;之后是切成块的食物;再然后是切得很小的千层面;最后,我们用叉子把一整片千层面放在他们的盘子里,这样他们就可以自己吃了。

想想你是如何用脚手架式协调的方式,帮助孩子学会骑自行车或独立做家庭作业的。当我儿子十五六岁时,我们主动以搭脚手架式协调的方式,培养他最终在父母不坐在副驾驶座上的情况下独自驾驶汽车的能力。

脚手架式协调是一种非常主动和深思熟虑的协同调节,有脆弱神经系统和严重而令人困扰的行为的孩子需要大量的脚手架式协调。你的孩子可能需要脚手架式协调的帮助,才能成功地自己参加同学的生日聚会。也许,最开始,你会和他们一起参加生日聚会,保持参与并离他们很近。接下来,你会参加生日聚会,但会和他同学的家人一起在厨房里消磨时间。之后,你坐在生日孩子家门口自己的车里。接下来你把孩子送到聚会上,让他自己下车进去,但你去附近的杂货店逛逛,这样你就可以在需要的时候很快回来。最后,有一天,你可以把他送到聚会上,确保他有车回家,然后这几个小时的时间就归你自己独处了。

你的孩子可能需要脚手架式协调才能在没有监督的情况下独自在卧室里玩耍,或者与兄弟姐妹一起玩游戏,而不会以眼泪、发脾气和有人受伤告终。

如果你的孩子行为不良,我几乎可以保证他们需要更多的脚手架式协调和更多的协同调节(缩小距离)。你可能需要发挥创造力,从稍微不同的角度思考具有挑战性的行为。宣称"晚餐很恶心"的孩子需要被帮助去培养诚实表达情感的技能,而不是粗鲁和麻木的表达。如果我们把纠正这种粗鲁行为视为技能培养,我们就有机会尊重他们的身体自主性,并教导他们,喜好是很重要的。

而且脚手架式协调意味着你要按照你告诉孩子的方式去反应。所以,当他们坐下来说"我不喜欢这顿饭,我能做一个花生酱三明治做晚饭吗"时,你会说,"好的!谢谢你如此尊重地表达你的感受"。

增加连接

连接是协同调节的一个固有方面,所以增加你和孩子之间的连接,会增强他们的猫头鹰大脑,这是有道理的。与咆哮的看门狗或超级害怕的负鼠连接是很棘手的!仅仅被告知,要提供更多的连接,这都可能会让人感到难以承受。因此,这里有四种具体的方法,你可以通过微小的连接时刻来培养猫头鹰大脑。

表达兴趣和好奇心

我知道，我知道。你对《精灵宝可梦》或《我的世界》游戏不感兴趣，也不看其他压缩小视频。

看看你能不能试试，找到孩子感兴趣的东西，和他们一起做事。和他们一起玩电子游戏，或者只是看他们玩。让他们给你看他们觉得好玩的视频。有更好的方式吗？让他们教你一些他们感兴趣的东西。孩子们喜欢觉得自己有能力，这可能会让你在同一天第三次听到他们说《我的世界》时不那么无聊。

你觉得你的孩子对什么都不感兴趣吗？你得认真观察！我最近跟一个家庭工作，他们难以确定孩子对什么感兴趣。他们提到孩子会只穿一条紧身裤。我知道大多数家庭在孩子有如此僵化的行为时都会感到压力，所以我建议他们把这种僵化视为一种兴趣。我鼓励他们每天都洗这条紧身裤，这样确保它一直是干净的，随时可以穿，并发表评论，比如"你真的很喜欢这条紧身裤"或"我好奇是不是因为你特别喜欢那些紧身裤在腿上的感觉"。回应孩子的兴趣——即使是以僵化形式表达的兴趣——也会发出一个明确的信息："我看到你了"和"你的喜好对我很重要"。

喜悦

伯特·鲍威尔（Bert Powell）、格伦·库珀（Glen Cooper）、肯特·霍夫曼（Kent Hoffman）和鲍勃·马文（Bob Marvin）在他们的《依恋创伤的预防与修复》（*The Circle of Security*

Intervention）一书中将喜悦描述为，"因你的孩子本身而感到喜悦，而不是享受与孩子一起的活动。"[4] 他们还指出，愉悦不是对特定成就表示赞同或喜悦，而是当你的孩子做了一件你甚至无法形容的宝贵事情时，你的脸上流露出的那种自然的表情和发自内心的感觉。喜悦是说："我喜爱你，只是因为你是你，而且我很容易感觉到这一点。"

得克萨斯州一个炎热的日子，我看着我的同事凯蒂准备与我们的一个共同客户一起用手指画来画脚印。像和我们一起工作过的许多孩子一样，这个孩子每次洗澡都很吃力。我记得当时我在想，凯蒂是多么勇敢，她进行了一项要脱掉这个孩子的鞋子和袜子的活动。

凯蒂不是勇敢。她不需要让自己勇敢才能和这个孩子这样玩，因为她对这个孩子、他的臭脚和他的一切都感到真诚、纯粹的喜悦。这是一个没有从许多成年人那里得到"你很可爱"信息的孩子，哇，他在凯蒂的喜悦里融化了。凯蒂教会了我喜悦的力量。我们都想知道，仅仅因为我们存在的本身，我们就能让他人喜悦。如果对孩子的喜悦感觉像是遥远的记忆，你可以先仔细观察任何微妙的喜悦时刻，看看会发生什么。有时候，我们所要做的就是寻找一些东西，以便它出现。因你的孩子喜悦，对你的孩子有好处，对你也有好处。

欢迎！

有一天，我注意到我的治疗师在每次咨询前见到我时，都会用同样的方式问候我。"欢迎！"她会说。

这和"你好"不一样。这感觉就像是一个与喜悦混在一起的"你好"。

欢迎是在说,"我真的很高兴见到你。"试着看找到不用"欢迎"这个词,也可以表达欢迎的意思的方式。你可以注意一下,你和孩子在早上起床或放学后的最开始接触的前五秒钟,你很容易就开始说"该穿衣服了"或"该做家务了"。有时我们很紧张地在期待着与孩子重新连接,因为这时总会感觉很糟糕,很快就会有人大喊大叫。尝试只用一个微笑和你温柔闪亮的眼睛迎接孩子,用非语言信息沟通"我真的很高兴你在这里",这可以成为一个非常有作用的试验。

玩耍

还记得猫头鹰大脑有时会能量爆发,在感到安全和连接的同时与看门狗大脑跳舞和玩耍吗(见图6-1)?

图 6-1

有脆弱的压力反应系统和过度活跃的看门狗大脑或负鼠大脑的孩子需要玩耍的时刻来帮助他们的猫头鹰大脑发育。和我一起工作的很多父母都被玩耍的想法弄得筋疲力尽。他们不记得上一次觉得好玩是什么时候了，当我建议这样做的时候，他们经常会觉得有点儿愤慨。这感觉像是又一项不可能且令人疲惫的杂务。

不管怎样，我把它包括在这里，因为我认为玩耍其实很强大。支持玩耍有益的研究的数量是惊人的。我想总结一下，玩耍可以减轻压力，增加韧性，让困难的事情变得更容易。[5] 简而言之，玩耍可以养育猫头鹰大脑。

我保证，玩耍不需要你做任何额外的事情。如果你能把玩耍融入日常生活中，比如做午饭、收拾桌子或刷牙，那么玩耍是最有影响力的。播放20世纪80年代的舞曲或在网上搜索"大笑的学步儿"，两者都会给你的神经系统注入片刻的玩耍气氛，让你更容易给孩子带来玩耍的能量。

如果你脾气暴躁的看门狗或负鼠孩子翻白眼或以其他任何方式拒绝你的玩耍，不要气馁。即使他们不加入，玩耍对你的灵魂也是有益的。

我们先暂停一下再继续

我相信来到这一章的结尾时，你有着各种各样的感受。

你已经筋疲力尽了。如果你没有，你很可能就不会拿起这本书。我刚刚给你讲了一章，里面全是需要大量精力的策略。如果你觉得自己做不到，没有多余一丁点儿精力可以使用，这对我来说是完全合理的。如果这就是你此刻的感受，可以考虑直接跳到第 11 章。在你改变与孩子的连接方式之前，你可能需要培养自己的猫头鹰大脑。我在第 11 章中提出了很多想法，而且我保证——不需要泡泡浴或高尔夫郊游（尽管无论如何，如果那些可以满足你的需求，你就去做吧，加油）。

但也许你会觉得受到了启发。终于！有人给了你一份清单，列出了你可以实际做的非常实用的事情，这些事情将帮助你的孩子感到更有安全感、更受调节、更有连接。

或者你真的很失望。也许你的孩子太失调了，这些策略都没有帮助。我明白了，我理解你。你的家庭可能需要个案管理和实际服务，而不是另一本育儿书。你的家庭甚至可能需要根本不存在的服务，或者说即使存在这种服务，你也无法获得。你可能已经准备好把这本书放下了，或者你可能已经准备好跳到第三部分了。

最终，我们无法改变其他任何人的行为或神经系统。我们可以提供很多连接、安全感和协同调节的提议，但我们无法对它们的效果负责。

有时候，我们能做的最好的事情就是照顾我们自己的猫头鹰大脑。为我们自己的看门狗大脑和负鼠大脑提供支持。我们将在第三部分中这样做。

如果你准备继续照顾孩子的猫头鹰、看门狗和负鼠大脑，第 7 章将为孩子的看门狗大脑提供安全感和连接。第 8 章将为孩子的负鼠大脑提供安全感和连接。

准备好了吗？娜特肯定准备好了。

第 7 章

看门狗大脑的育儿策略

"这不起作用。"你告诉我。我看不到你的脸,因为我被落在你身后,当你走向沙发时,我关上了我办公室的门。

"告诉我。"我说,门咔嗒一声关上了。你把钥匙扔在边桌上时,我走到办公椅旁边。然后我坐在椅子上,用脚推着椅子向你滚去。"什么不起作用?"

"所有!!!这个周末真是一场灾难。她在操场上打了一个孩子!你以为这是最糟糕的部分了吧,但这只是一切的开始。整个周末,哪怕是最简单的指示,她也拒绝遵守。她花了四个小时打扫房间,我发誓她是故意这么做的,只是为了不必做剩下的家务。昨天晚上,当我去卫生间放干净的毛巾时,我看到她已经用完了洗发水、护发素、肥皂和最后一滴牙膏!所有的都没了!我猜，她肯定是把它们挤到下水道里去了！我上周才把所有的新的放在那里！！！"

"哦，哇，那真是糟糕的一周！真是浪费钱——真的就是把钱倒进下水道。而且这一切是发生在她在操场上打了一个孩子之后？听起来是以雪上加霜的方式结束了一个艰难的周末。"

"我知道我们应该试着看看这种行为背后的原因，但这种行为背后唯一的原因就是她无故伤害了别的孩子。她不可信，而且想浪费掉我们所有的钱。"

"这些行为真的很难找到任何原因！"

当我与你产生共鸣时，我注意到我的心率有点儿加快。我感到沮丧、愤怒、有点儿不知所措，甚至还有一丝绝望。你有这些感觉，然后有一瞬间，我也感觉到了。令人沮丧的是，在我们一起工作了那么久之后，仍然很容易将信任与能力混为一谈。令人恼火的是，在我们一起工作了那么久之后，你仍然很容易直接把萨米的行为视为针对你个人的行为。令人不知所措的是，在我们一起工作了那么久之后，我们仍然在原地这里。我感觉到一丝绝望，也许我终究帮不了你。

啊，老朋友，我悄悄地对我内在那些试图挤到意识前面的声音说："你来了！谢谢。谢谢你帮我感受到，就在那一刻，那些娜特的感受。"

通过深呼吸，和一些对我们两人的怜悯，我又能看得更清楚了。你在你的看门狗大脑里！

"太荒谬了。她已经10岁了。为什么她像个学步儿一样倒掉洗发水?"

"好问题!不过,我想知道,这样会不会更有帮助,请稍停一下,你可以先注意你刚才说的话。她的这种行为就像一个学步儿。"我增加了一点儿声音的能量,以接近你的能量,但没有愤怒的情绪。我想让你知道我听到了你,我在很认真地与你对话。我想让你觉得自己被匹配着,被人看到,被人理解。

"我不想做一个学步儿的父母!我已经做过了!她应该清楚这一点!"

"我完全同意,她的猫头鹰大脑准确地知道要用多少牙膏、洗发水和护发素。我敢打赌,她的猫头鹰头脑甚至知道所有这些东西都要花钱,她也确切地知道手里要放多少洗发水。"

"没错。她知道这些事情!!"

我注意到你仍然很生气——这是理所当然的——但你声音的强度下降了一个等级。你把身体从到达后一直坐着的沙发边缘移开,然后稍微向后坐了一点儿。

我吸了一口气,也轻轻地倒在椅子上。

很久以前,一位来访者问我,心理治疗学校是否教我们这些。

"教我们什么?"我问道。

"改变你的身体姿势以镜映你来访者的身体。"

我意识到她是对的,我们一起笑了。镜映,这是我仍然经常做的事情。

镜映对我和你都有帮助。它有助于你感觉被看见,即使是无意识的。它帮助我具身体验——就是直接在我的身体里感受——你可能正在经历的事情。

我感觉我的肩膀往下压，下巴松开，背部放松。我开始觉得自己更理性了，更受调节了。我猜你现在也有这样的感受。

"我知道她知道所有这些事情，"我对你说，"她知道这些事情，因为你已经教会了她这些事情。天哪，我但愿这次旅程只是关于教会她一些东西。但如果仅此而已，你甚至都不会在这里，对吧？因为你很擅长那个。你知道如何教她东西，她也能学会。"

"那她为什么不做呢？"你的声音强度增加了一个档次。

"好吧，这是一个很好的问题。我很高兴你对这个问题保持开放和好奇。"

你的问题让我知道，你已经摆脱了这样一种假设，即倒洗发水是关于信任问题，是故意浪费你的钱。

我还要提醒你，你很关注她倒掉洗发水，这让我很惊讶，因为你还告诉我，她在操场上打了一个孩子，我本以为你会觉得这是一个更大的问题。我想知道关于倒洗发水这个事是否对于你来说有一些更个人的感受，因此你有点儿难以看清这个行为背后的东西。

"我敢打赌，在经历了周末的所有失调之后，你发现浪费掉的洗发水和牙膏突破了你的底线。"

"哦，我已经在崩溃边缘了。我基本上直接从悬崖上掉下来了，坐在底部发呆！"

"对!"我同意,"就在这时,空洗发水瓶掉在了你的头上!"

我们都笑了。玩耍,连接的标志。

我邀请你再告诉我一点儿关于操场上打人的事,你重重地叹了一口气。

养育一个神经系统里充满"战争"的孩子,会带来深入骨髓的疲惫,这几乎无法用语言来形容。你的叹息说明了一切。

"我想这是我的错。她今天表现很好,我想她可以和其他孩子一起捉迷藏。她想做其他孩子做的事情,我也希望她能这样。但事情总是不顺利。"

"我知道。这太累了,太不公平了。对你们两个来说。"

我们都深吸一口气。你瞥了我一眼,我看到你注意到了我的表情,上面写着:"这太糟糕了,我很遗憾。"

"打人真的会让看门狗大脑感到非常害怕,"我提醒你,"你觉得发生了什么事?"

"什么都没发生。她在玩捉迷藏。她在躲,我猜,她很难找到藏起来的地方?因为当另一个女孩睁开眼睛说'准备好了吗,我来了'时,萨米没有躲起来,而是开始奔跑。那个女孩追着她,给她贴上了标签。然后萨米打了她一拳。"

"啊。很好的信息。这非常有帮助。我们放慢速度,一点点看,可以吗?"

"是的,求你了!我需要理解这个。她为什么要打人？太尴尬了。"

"所以，打人肯定是保护性大脑的一种行为，是吗？"

"好吧，我想是的，但是！他们只是在玩捉迷藏！一切都很好。这事发生得完全没头没脑的。"

我拿起我那装有塑封讲义的活页夹，找到描述可能从所有不同的看门狗身上看到的行为的页面，然后把它转过来给你看。

很容易看出，攻击行为是保护性行为，但我们通常很难理解为什么孩子的大脑会进入那种保护性模式。

"你还记得哪只看门狗是唯一会打人的吗？"

"记得，'攻击'看门狗。而且她当然攻击了！"

"是的，听起来确实如此。那么，你认为这告诉了我们她的大脑的什么信息？"

"好吧，你是说打人和攻击只来自恐惧的大脑。但她为什么害怕呢？"

我向你解释我的想法：我的最佳猜测是，萨米和同龄的孩子玩捉迷藏。这些是有着九岁社交能力的孩子。萨米的大脑在努力工作，试图弄清楚并融入九岁孩子的社交行为。直到打人发生之前，她似乎一直很好地待在自己连接的大脑里，融入群体，与朋友一起玩。他们四处奔跑和大笑，这时他们的心脏跳动得更厉害，呼吸得更快，以便能够在奔跑和大笑中为身体提供能量。

他们在玩耍。玩耍是充满能量的连接模式。

打人是充满能量的保护模式。

当捉人的孩子大喊"准备好了吗，我来了"时，萨米仍在四处奔跑，试图找个地方躲起来。她的心率很高。她躲的时候没有机会休息。当她听到捉人者倒数说"5！4！3！2！1！"时，她很可能开始进入保护性大脑的状态了，她意识到自己的时间不多了。

随着她的保护性大脑更加完全地上线，它使用了所有的能量来保护她的安全——避免输掉比赛，避免感到尴尬。她一开始拼命跑，把能量放在腿上，逃离了捉人者，但最终，她还是被捉到了。

当她停止奔跑时，她仍然充满了高涨的能量。现在她对自己被捉到感到失望，可能是尴尬，也可能是纯粹的生气。这种极高的能量加上她的保护性大脑为她的手臂而不是腿提供了能量，她打了捉人者一拳。

你的眼神让我知道你明白了，你也许正在变得有点儿绝望。

"这太难了，"我说，"对你们两个来说都很难。你只想带女儿去公园，而你不需要像照顾一个学步儿一样徘徊在旁边。她只想和孩子们一起玩，做一个正常的女孩。她的身体一定很疲惫，因为她总是如此努力地保护自己，使自己免于遭受所感受到的这个世界上的所有危险。你也很疲惫。"

我看着你深深吸了一口气，更深地躺在沙发里。

"有时候，这一切都让人感到绝望。"我说。

"你说得对。"你拿起装着温热咖啡的杯子——里面的咖啡已经加了奶油，这已经成为我们稳定的安全锚——把它放在嘴唇边，喝了一口。

你告诉我，萨米在离开公园开始回家的过程中，大部分时间都很配合，这让你松了一口气。你担心她会拒绝合作，她的攻击性会变得更强。当萨米很生气，大喊大叫，泪流满面，这时你做得很棒，你让她放心，她没有麻烦，她很安全。你提议她从游戏中休息一下，喝点东西。太棒了！这些都是我们为恐惧和恐怖级别的看门狗大脑制订的最好策略。

终于到家了，萨米同意快速洗个澡（好主意，妈妈！！！只要加水！），这时你觉得还有希望在没有更多攻击性的情况下过完这个周末——事实确实如此——但萨米在更低水平的保护性大脑边缘徘徊。

"她整个周末都粗鲁无礼。在毫无理由的情况下！就好像她根本不想感觉好些。她只是把自己关在这个讨厌的状态里，对我们所有人说难听的话，还不做家务。"

"她就是无法得到调节，无法重新进入连接大脑，是吗？"

"嗯，我想你可以这么说，但她看起来不像是失调，而只是粗鲁又控制欲强。"

啊，是的。控制行为总是伴随着对抗行为。持续的对抗行为是"准备行动"看门狗的经典标志！控制意味着大脑正在试图再次找到安全感。粗鲁、多嘴和对一切不满都是"准备行动"看门狗的常见行为！

"很难将对抗和控制行为视为失调，不是吗？"我说。

"是的。这看起来一点儿也不失调。这看起来就是操纵性的、故意的，她完全可以控制自己停下来。"

"我理解,"我说,"人们更容易将拳打脚踢视为调节障碍的迹象。这些严重行为只是保护性大脑的更明显迹象,不是吗?但是,这样想吧。你认为对抗行为来自连接大脑还是保护性大脑?"

"好吧,"你说,考虑着这个问题,"这当然不会让我想和她建立连接。"

"没错。"我说。

你叹了一大口气,睁大了眼睛。"我知道,我知道。这是保护行为。只是这感觉就是存心的!"

"而且我敢打赌,这会让你自己直接进入保护模式!"

我们的神经系统状态具有传染性。我们的大脑的设计就是会相互匹配。这是一件好事,除非我们和一个经常处于保护性大脑的人住在一起。

但情况就是这样的。如果我们把萨米的对抗行为看作她的看门狗准备采取行动,我们就可以有一些如何干预的主意——为了我们所有人。

我们首先必须记住,一旦看门狗大脑准备采取行动,猫头鹰大脑就会飞走。我喜欢思考看门狗是如何吓跑猫头鹰的。这种方法有助于我们专注于镇静和安抚看门狗,以便让猫头鹰感到足够安全,可以回来。一旦猫头鹰大脑恢复了,我们通常会看到我们最初希望的行为。如果没有,我们可以教授和实践这些行为。但如果我们想跟"准备行动"看门狗进行教授、解释和讲道理的互动,我们就算竭尽所能,也不会有用或有任何影响力,而且通常会让看门狗更恐惧。

我把我的活页夹翻到"'准备行动'看门狗的特征"页面，然后继续交谈。

我们来看看萨米的情况：

- 对抗和不合理的行为。
- 难以完成任务和完成我们都知道她能做的家务（收拾房间）。
- 身体活动和感官寻求的增加（我怀疑这是倾倒洗发水的原因）。

我们一致认为，这些行为来自"准备行动"看门狗。我翻到可能采取的干预措施的页面，包括简单的运动活动，即使是处于看门狗大脑的孩子也可能被吸引参与，包括：

- 掰手腕
- 在家里跑来跑去
- 枕头大战
- 舞会
- 烹饪和烘焙
- 感官游戏，如手指绘画或玩剃须膏

"这些都是很好的提醒，"你说，"但我肯定萨米会拒绝所有这些主意。"我看到你的眼睛停在最后一个项目上。"但你知道，如果我当时想得到的话，她可能会接受什么吗？"你说，"浴缸里的一罐剃须膏。"

对！我没有想到这个，但我完全同意。你是你孩子的专家，所以你看到了我没有看到的东西，这是有道理的。萨米向你展示了她需要什么来调节她的神经系统，通过挤压和倾倒洗漱用品。但是浪费四个月的洗漱用品对家庭预算来说是行不通的。浴缸里便宜的剃须膏可能有助于她的调节，因为它实现了她所寻求的感官体验（在浴缸里挤压、压扁和滑动），而不会因为做了不该做的事情而导致更多的失调。

满足需求，减少恐惧，允许她寻求感官的内在动力真正帮助她调节。

你现在听起来更困惑而不是沮丧。"很难不把浪费洗发水和牙膏的行为视为公然挑衅，但我知道，我知道。从来没有什么简单的事。"

"我并不是说她没有挑衅，"我承认，"她毕竟处于保护模式。但有很多方式可以表达对抗，是吧？为什么要挤一瓶洗发水？所以，是的，我认为探究原因可以找到一些有用的答案。当她情绪失调时，她喜欢挤东西，用手指压东西。下次最好记得这个事。一元店的剃须膏很便宜！！"

你从我手里接过活页夹，翻到下一页，大声读标题："增加协同调节，减少压力源"。然后你看着我。"她真的需要我帮她打扫房间，是吗？"

"是的，我想是的。当她受调节时，她可以自己打扫，但当她失调时，她可能无法思考、计划或排序。所以我认为她需要一些脚手架式协调的帮助。她可能已经太不知所措了，无法想出来完成任务的步骤。有点像……"

"一个学步儿。"我们两一起说道。

你叹了口气。

"你做得很好，"我补充道，"当事情进展不顺利时，你会停下来，反思，并对她的行为感到好奇。下次你看到萨米时，你会亲眼看到她真正的样子……一个有时会挣扎的珍贵的孩子。她会看着你，从你的眼睛里看到这一点。"

我看着你深吸一口气，然后呼气。你也感觉到了。希望。

"下周见。"我说。

为看门狗大脑引入安全、调节和连接的干预措施

通过娜特和萨米的故事了解干预措施是有帮助的，但还可以做很多事来支持看门狗大脑。在本章中，我们将了解更多可能帮助不同级别的看门狗的干预措施。无论孩子的看门狗是在问"怎么了"，是"准备行动"，需要你"后退"，还是"攻击"，你都可以做一些事情来帮助他们。

在第5章中，你学习到仔细注意孩子的行为，并提醒自己所看到的并不是真的。你了解了猫头鹰、看门狗和负鼠大脑。你了解到猫头鹰大脑处于连接模式，而看门狗大脑和负鼠大脑处于保护模式。在第5章，你花时间追踪和观察孩子的行为，

问自己:"这种行为到底意味着孩子的神经系统是什么状态?"现在你可以更准确地判断你的孩子是在猫头鹰、看门狗还是负鼠大脑的状态。这些信息帮助你在正确的时间选择合适的干预方式。

看门狗通路就是佩里博士所说的唤起连续体。[1]对于那些熟悉多层迷走神经理论的读者来说,[2]你可以将看门狗通路等同于交感神经系统。当我们认为自己处于危险之中时,交感神经系统会为身体提供力量和能量,这样我们就可以"要么战斗,要么逃跑"来保护自己。

也许你的孩子在面对你觉得很小的问题时会消耗很多精力和力量,比如交作业,或因为塞车而不得不多等五分钟等你接他们放学。他们的压力反应系统是敏感的,他们的看门狗加班加点地工作,这意味着它会对极少量的压力产生很大的反应。

在我们继续之前,让我们快速记住每个不同的看门狗(见表 7-1)。

表 7-1 不同的看门狗

"我很安全"	• 猫头鹰大脑在主导 • 社会行为 • 可能爱玩耍 • 可能精力充沛
"怎么了"	• 身体活动增加 • 声音变化(嘀咕抱怨、声音更大、速度更快) • 易怒、粗鲁、轻微的不尊重 • "不"和"我可以自己做"
"准备行动"	• 攻击性或防御性肢体语言(准备战斗或逃跑) • 敌对、反对 • 不合逻辑、不合理 • 狂笑或过度愚蠢

(续)

"后退"	• 攻击性或挑衅性动作（摆姿势、打空拳） • 言语攻击 • 离开或逃离 • "火山"——地表下的能量气泡
"攻击"	• 危险行为 • 身体攻击

请记住，随着看门狗越来越活跃，恐惧和能量也在增加。

在本章的其余部分，我将为你提供具体的干预措施，这些干预措施可能会帮助你孩子的看门狗大脑感到更安全，减少失调。每种看门狗都需要一些不同的东西。"怎么了"看门狗需要一些不同于"准备行动"看门狗的东西，也需要一些不同于"后退"和"攻击"看门狗所需要的东西。对于每种不同的看门狗，我将建议三种不同的干预措施（见表7-2）。

表 7-2　三种干预措施

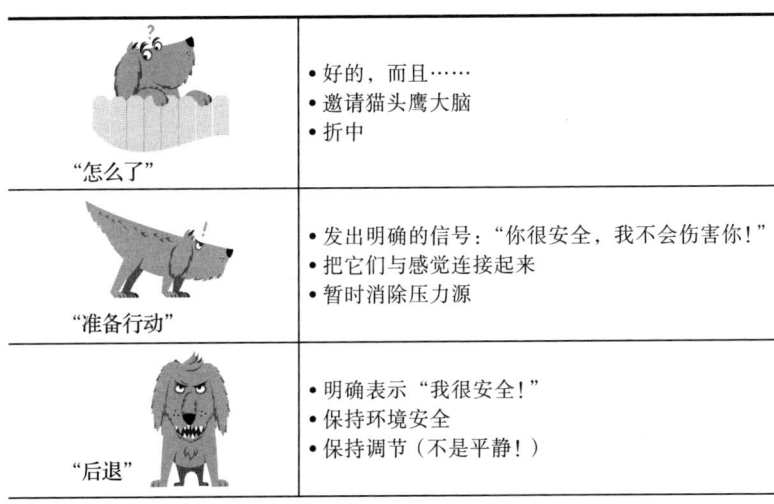

"怎么了"	• 好的，而且…… • 邀请猫头鹰大脑 • 折中
"准备行动"	• 发出明确的信号："你很安全，我不会伤害你！" • 把它们与感觉连接起来 • 暂时消除压力源
"后退"	• 明确表示"我很安全！" • 保持环境安全 • 保持调节（不是平静！）

(续)

"攻击"	• 保护自己的安全 • 保护孩子的安全 • 保持靠近，但不要太近

我还将针对每种不同的看门狗状态，分享三件需要小心的事（见表7-3），这样当它们不可避免地出现时，你就可以理解它们并知道该怎么办。

表 7-3　需要小心的三件事

"怎么了"	• 期望服从 • 担心它们"做了坏事而未受惩罚" • "这不起作用！"
"准备行动"	• 激活你的看门狗大脑！ • 担心你在奖励不良行为 • "我必须做点儿什么！"
"后退"	• 没有注意到何时"后退"看门狗变成了"准备行动"看门狗 • 试图调动猫头鹰大脑 • 坚持时间不够长
"攻击"	• 满天飞的东西 • 孩子的胳膊、腿和唾液 • 任何可能伤害孩子的事

别担心，我们将在本章中更深入地了解每一次干预和每一个陷阱。

但首先要记住……

安全始终是首要目标

不管你面对的是哪种看门狗，最重要的是你要记住，看门狗大脑相信它处于危险之中。这在当时可能看起来完全荒谬，就像娜特一样，当她看到萨米在玩捉迷藏打她的玩伴时的感觉。

全世界的每一个人——包括你和你的孩子——都以一种完全独特和个性化的方式决定着自己在任何时候的安全程度。有时，我们不得不相信他们外显的保护行为（对抗、挑衅和攻击）在告诉我们，他们觉得不安全——即使我们认为他们不应该——这意味着大脑处于保护模式，神经系统感到不安全。

重要的是要始终牢记以下问题，无论你孩子的唤醒水平如何。

- 我的孩子怎么知道我不是威胁？我是处于保护模式还是连接模式？我的内心感受与我的言语、行为、面部表情和身体姿势相匹配吗？我是否在调节状态，但不一定冷静？我的言行是否传达了安全？
- 我的孩子感觉他们的内在生理是安全的吗？他们是饿了还是累了？或者他们的感官需求得到了满足吗？他们的药物调整是否适当？
- 我的孩子怎么知道他们所在的这个地方——如学校、操场、他们的卧室——是安全的？

如果你需要复习一下你的孩子是如何从内部、外部和之间确定安全感的,请返回第 2 章。如果你需要帮助,去想起如何在孩子安全的时候帮助他们感到安全,请参阅第 6 章。

"怎么了"看门狗

安全还是不安全?
- 仍在与猫头鹰大脑交流
- 定位和收集更多信息
- 不攻击,甚至不准备攻击

当你在与孩子的"怎么了"看门狗互动时,你会问自己一个问题:"我该如何帮助孩子的猫头鹰大脑确信他没有危险?"

对"怎么了"看门狗的干预

#1 好的,而且……

猫头鹰大脑在听到"好的"的时候,会感觉更安全。看门狗大脑在听到"不行"的时候,感觉不那么安全。你的大脑也是如此。

当你的孩子提出要求时,本来你想说"好的",但因为他们以不尊重、苛刻、粗鲁的方式提出,你被激怒了,你要先给出"好的"的答案,这样"怎么了"看门狗就不会变成"准备行动"看门狗。然后简单地向孩子示范或告诉他们,应该以一种更尊重的方式提出他们的需要和请求。例如：

孩　子："给我牛奶！"
成年人："当然可以！[语气轻快，边走边取牛奶]当我去拿牛奶的时候，要不我们试着再来一次，用你猫头鹰大脑再问一遍，怎么样？"

在这一个五秒钟的互动中发生了很多事情！

1. 孩子的恐惧得到了平息，因为你明确表示你会满足他们的需求。
2. 孩子觉得你看到了他们，而不是他们的行为。
3. 你与你的猫头鹰大脑保持连接，猫头鹰大脑通过神经觉知发出安全的信号，同时使用一种玩耍而轻松的语气。

当你不能对立即的请求给予"好的"时，看看你是否可以说"不好"，而不说"不"。例如：

孩　子："我要去萨拉家！"
成年人："哦，听起来很有趣。萨拉是一个很好的朋友。让我们看看日历，看看什么时候可以安排时间去萨拉家。"

确保你不要剥夺孩子对失望的正当感受，孩子对自己不能做或不能拥有想要的事情表示失望甚至愤怒是可以的。

忍受失望的挫败感是一种猫头鹰大脑技能，随着孩子大脑的发育而发展。通过确认失望情绪，就可以提供协同调节，这会培养孩子的猫头鹰大脑，并教会他们自己的感受很重要。那些相信自己的感受很重要、且会通过这些感受得到支持的孩子,他们的猫头鹰大脑更强大。

#2 邀请猫头鹰大脑的行为

在我写这一章的时候,我正从办公室的窗户望向我们打造的新花园。天气异常炎热,植物看起来下垂、枯萎,甚至有点儿被晒伤。

植物承受着压力,没有得到它们所需要的东西。我在问自己:"我该如何帮助培育这些植物,让它们长成最好的植物?"我对这些植物对环境的反应并不生气。

我想知道,如果我们对我们的孩子采取类似的反应,会发生什么。当看门狗在问"怎么了"的时候,这只是猫头鹰大脑需要帮助的一个线索。例如:

孩　子:"我讨厌这个作业。我不做。"
成年人:"啊!你需要从家庭作业中休息一下。当然——有时当我们的大脑在努力工作时,我们都需要休息一下。我们肯定会休息一下。尝试用猫头鹰大脑的语言告诉我,你需要休息一下了。"

我当然可以把注意力集中在无礼的语气、不听话的态度和他们的心态上,但这些都无助于他们在学校取得成功。

或者我可以注意到所有这些都是他们的猫头鹰大脑需要帮助的线索。家庭作业压力很大,尤其是在学校度过漫长的一天后。孩子的猫头鹰大脑应该得到和我后院枯萎的番茄一样多的支持。你可以为你的孩子提供他们需要的支持，并在家庭成员如何相互沟通（以尊重的方式）方面保持界限。例如：

孩　子："我要去萨米拉家。"
成年人："哦，当然！你可以去。你的猫头鹰大脑能问问我，萨米拉家在哪里吗？然后让我知道你什么时候回家。"

在我的家庭里，我们认为相互告知自己在哪里，并且在做自己想做的事情之前先互相沟通，这是表示尊重和关心的行为。这有助于我专注于为什么我们的家庭重视某些行为，否则我也会陷入"因为我这么说"的陷阱中！

#3 妥协

教孩子们如何妥协是我应对问"怎么了"的看门狗最喜欢的策略，因为妥协就像给大脑做轻微的二头肌弯曲锻炼。每一次妥协的尝试都会稍微加强猫头鹰大脑和看门狗大脑之间的连接。

妥协是一项极其重要的生活技能，有助于猫头鹰大脑记住其他人的经验和观点。创建对其他人的思维导图是移情的关键组成部分，它表明大脑中的调节和整合增强。

妥协教会孩子很多重要的事情，包括：

- 他们有发言权。
- 他们的需求和请求对你来说很重要。
- 你将考虑他们的体验。

当孩子们觉得被赋能,可以发出自己的声音时,他们会:

- 开始用他们的言语而不是行为,来协商满足他们的需求。
- 当他们看到你不刻薄或有惩罚性,而是积极站在他们一边,成为他们团队的一部分时,他们能学会容忍挫折。

例如,你刚刚让你的孩子关掉电子游戏来吃饭。

孩　子:"不!"
成年人:"啊!我觉得我听到你说,你还没有准备好关掉你的电子游戏,或者你可能需要更多的时间!记住——你绝对可以要求协商。要不试着说,'爸爸,我能再多玩五分钟,然后我再来吃饭吗?'"

如果你的孩子没有坚持协商过程,他们需要帮助来找回他们的猫头鹰大脑。回到第6章,复习如何培养孩子的猫头鹰大脑。

需要小心的事

#1 专注于听话和顺从

我明白!如果我们的孩子只是在我们想要的时候做我们想让他们做的事,生活会轻松很多。如果我认识的每个人都在我想要的时候,做我想要的事,我的生活会更轻松!这些年来,我也逐渐意识到,当我专注于期待我的孩子顺从和听话时,我自己的"准备行动"看门狗通常已经在参与进来了。我的猫头鹰大脑不期待我的孩子快乐地做那些孩子自己不想做的事情。我自己当然不能总是开心地洗衣服,但这些年来,我的猫头鹰头脑已经足够成熟,可以调节有时因不得不做家务而不是做更有趣的事而出现的沮丧情绪。

记住,合作是猫头鹰大脑的一个特点。随着孩子的猫头鹰大脑的发育,他们会更好地管理挫折感,而不会说刻薄的话或在家里跺脚。

你的孩子有权表达自己的感受、想法、喜欢和不喜欢。他们也需要脚手架式协调来培养表达这些感受、想法、喜欢和不喜欢的技术,让关系更顺畅。就像学习任何新技术一样,有时你的孩子就是做不到。这并不意味着他们没有在尝试,也不意味着他们永远学不会,这只是意味着他们现在还做不到。

#2 对于你的孩子学会可以不尊重但仍然能"得到他们想要的"感到害怕

哦,这真的会让父母的看门狗大脑运转起来,这是可以理解的。许多父母已经学会了我们的孩子应该有尊重的态度,而且我们应该教会他们害怕不尊重别人的后果。

记住:受调节、有连接、有安全感的孩子表现良好。

如果你使用专注于调节、连接和安全感的策略,同时期望孩子的行为与他的能力相匹配,他们就不会学到他们可以粗鲁无礼,并得到他们想要的任何东西。他们将学到,他们可以期待真实的自己被看到,他们可以得到支持,而不是评判或惩罚。关系对猫头鹰大脑来说是令人满意和有益的。

当你开始觉得你的孩子需要惩罚才能学会他们不能"那样做"时,这就是你在自己的看门狗大脑中的一个线索。别担心!本书的第三部分是关于如何帮助你与你自己的猫头鹰大脑保持更多的联系!

#3 感觉"这不起作用"

当针对"怎么了"看门狗的干预措施没有带来孩子连接增加和更受调节的行为,或者你的孩子似乎永远不会像例子所示的那样合作或回应,这并不意味着这些策略不起作用。这可能意味着你的孩子不是:

- 与你没有足够的连接,可以优先考虑合作。
- 没有体验到足够的安全感,让他们相信自己的话很重要,以至于你可以始终信守你的诺言。
- 表面上在问"怎么了",但实际上是"准备行动",甚至告诉你"后退"。没问题!你只是误判了他们的唤醒水平——或者水平增加了。试着改变你的方法来匹配一只更活跃的看门狗。

然后返回第 6 章。

现实生活中的例子

已故的卡琳·珀维斯博士是《互联儿童》的合著者,也是基于信任的关系干预的联合开创者，她教会了我泡泡糖的力量。

由于网上购物的便利，我只需花15美元，就可以在48小时内，让一大桶300件的泡泡糖送到我家门口。

咀嚼能提供口腔和下颌的本体感觉。本体感觉几乎总是起调节作用。

珀维斯博士有两条泡泡糖规则：

1. 泡泡糖留在嘴里或在垃圾桶里。
2. 只要尊重地请求，我总是会答应。

一大桶泡泡糖放在我的橱柜里，在一扇紧闭的门后面，在我的知情同意书中提到了使用它来建立信任、连接和协同调节。我从来没遇到过父母拒绝它。

希洛，一个甜美、珍贵、极度易怒的六岁孩子，他知道规则：尊重地索要泡泡糖，我总是会答应。

有一天，当我们准备结束会面时，希洛不是要一两块泡泡糖，而是灿烂地笑了笑，要了60个。

我吸了一口气，快速思考。他开始了一场信任之舞，并邀请我加入。

"好的！"我说。

有一个条件，我们一起数出60个，然后我会把装满泡泡糖的袋子给他的父母。在这一周里，他可以向父母索要泡泡糖，适用同样的规则。泡泡糖应该在你的嘴里或垃圾桶里。总是尊重地请求，那答案就会是肯定的。

我们一次数一个泡泡糖，一直到60个。

在妥协之前，我的第一份工作是证明信任。我必须向希洛证明，如果他用自己的话来提出他的要求，我就会答应。我已经明确地告诉他了。通过要 60 个泡泡糖,他考验我是否能够兑现我的话。

希洛并不是真的要泡泡糖。他在问我是否信守诺言。

我致力于证明我是。

随后几周,希洛都要了 60 个泡泡糖。几周以来,我都说好的。

他的父母证实,令他们非常惊讶的是,希洛遵守了所有的泡泡糖规则。

有一周,我决定探究他是否准备好继续学习下一个大脑技能:妥协。

"我这周的泡泡糖有点儿不够了。今天我们拿 20 个怎么样?"我故意选择了一个小数字,所以有很大的妥协空间。

"不!!"他说,但以一种开玩笑的口气,所以我知道我们在与他的猫头鹰大脑对话。"50!!!"

我漫不经心地耸耸肩膀说:"好的。"

在几周的时间里,我偶尔会挑战他的妥协技巧,直到我们最终减到 20 个。我认为这是一个非常合理的泡泡糖数量,可以让他一直等到我们的下一次会面,并且再也没有试图减少这个数字。

每周,我们都会逐一数出 20 个泡泡糖。每周我都把袋子递给他的父母,每周他们都确认希洛完全遵守了泡泡糖规则。

有一周,我们在一次会面结束时有点晚。我不假思索地抓起一把泡泡糖扔到袋子里。

"你想让我数一下吗?"我问道,暗暗希望他说不。

"好的!"

我一个接一个地数着泡泡糖。

20 个。

我们的目光对视。他眨了眨眼睛。我笑了。

经过一周又一周的努力和耐心（对我们双方来说），这个小家伙明白了他的声音很重要。我可以被信任。如果最后那天我的那把泡泡糖不到 20 个，我也会把数量补足。他知道这一点。事实上，当我抓了一把时，正好 20 个，这让我的信任锦上添花。

"准备行动"看门狗

不安全！
- 准备战斗或逃跑时手臂和腿部的能量
- 能量就在表面，但还没有被动员起来进行战斗或逃跑
- 挑衅

猫头鹰飞走了！当你的孩子"准备行动"了，他会试着抵制使用逻辑、推理甚至语言的冲动。记住，活跃的看门狗生活在大脑的较低位置，这些位置是在你的孩子学习很多逻辑或语言之前形成的。事实上，如果"准备行动"看门狗大脑正试图处理大量的语言，它们实际上可能会变得更加失调。处理语言又苦又累。

"准备行动"看门狗的干预

#1 "你很安全,我不会伤害你!"

在这种激活水平下,孩子的大脑认为他们处于危险之中。你可以证明你不危险也不可怕!

当你的孩子的"准备行动"看门狗在主导时,你的孩子并没有身体上的危险,你不需要涵容。从没有人因为多嘴、大喊大叫,或者孩子悠闲地走开而受到身体伤害。

专注于长期策略,减少激活,让"准备行动"看门狗不会升级为攻击或暴力。

用你的言语非常清楚地说明,他们现在是安全的,你不是威胁

"我们在同一个团队,我想帮助你。你没有麻烦。"
"你很安全。我不会伤害你的。"

也要非常清楚,用非言语去说明他们是安全的,你不是威胁。有几个主意:

- 退一步。远离孩子,尤其是他们的腿和手臂。
- 释放身体的紧张感:
  - 放松拳头
  - 降低肩膀
  - 放松大腿
  - 放松任何防御姿态

你身体的改变表明你的看门狗大脑一切都好！这将有助于保持你的猫头鹰大脑在附近，即使你体内的能量增加。

问问自己："我是否处于连接模式？"

你的孩子现在依赖于神经感知，他们能敏锐地意识到你的神经系统是处于连接模式还是保护模式。记住，你不必保持平静。保持正念，意识到你的感觉、感受和行为。

保持清晰、自信和坚定，不要害怕。

#2 把他们与感觉连接起来

看门狗主要生活在大脑的感受和感觉部分。为了与看门狗大脑建立连接，不要使用太多语言，而是通过提供感官体验来帮助孩子的身体感到安全。

我所说的感官体验是什么意思？

我们有五种外部感觉——嗅觉、视觉、触觉、味觉和听觉——以及与移动身体有关的感觉（本体感觉和前庭）。一旦你开始集中注意力，你就会注意到你经常通过连接感觉来帮助自己感受更好。对我来说，我喜欢非常热的咖啡，椰子的味道，以及通过跑步或参加训练营的锻炼课程来活动我的身体。所有这些都可以让我的感受好起来。

不确定什么样的感觉体验能帮助孩子的身体感受更好？从关注他们喜欢的事情开始，然后使用试错法。

还记得萨米是如何把洗发水和牙膏挤光的吗？这对萨米来说可能是一种感官体验，帮助她的身体感受更好。这促使娜特思考如何在不浪费金钱或家庭其他成员所需物品的情况下，提供给萨米一种类似的感官体验。

"准备行动！"看门狗可能喜欢这些感官体验（见表7-4）。但没有保证！你必须进行实验。

表 7-4

饮料	零食	活动	水
热的	有嚼劲的	跳跃	泡澡/淋浴
冷的	脆的	跑	游泳
浓的	酸的	摇摆	洒水器
甜的	吸吮的	倒立	饮料

回到第6章，我推荐了我的同事马蒂·史密斯的书《连接的治疗师》，在书中可以获得关于如何为孩子提供感官体验的更实用的想法，从而支持他们的安全感和调节能力。我再次提到它，因为它真的很好！

#3 暂时消除压力源

有时，传递安全提示的最好方法是消除压力源——家庭作业、家务、用餐时间、正在进行的讨论等。

我从孩子身上学到的最有力的一课是，我们成年人需要倾听孩子告诉我们的事情，并相信他们。我们还必须克服坚持让他们用语言告诉我们的问题。如果可以的话，他们会的。他们一直在以他们的行为告诉我们他们需要什么，他们能做什么，不能做什么……

如果你的孩子拒绝做数学作业，并且对老师很粗鲁，那么考虑一下这个非常真实的可能性,他们在那一刻无法使用大脑中能够让他们忍耐处理数学题目的挫败感的部分。

放下对他们做好数学题的期望——暂时地——转而关注调节、连接和安全感。

相信你的孩子的猫头鹰大脑想要成长和学习,包括数学。

需要小心的事

#1 激活你的看门狗大脑

当孩子的看门狗大脑准备好行动时,你的看门狗大脑也想为行动做好准备!从设计上讲,看门狗大脑并不是很有自我意识。作为成年人,你的工作是优先考虑并练习注意你在你的看门狗大脑中的迹象。记住第5章我们专注于了解孩子的猫头鹰、看门狗和负鼠大脑吗?一定要了解你自己的猫头鹰、看门狗和负鼠大脑!如果你跳过了这一步,也许应该休息一下,现在再去看一下第5章。

你的看门狗有什么迹象线索?我的声音越来越尖、越来越快。我的眼睛张得更大了。我的胸部感觉发紧。当我注意到这些迹象时,我深吸一口气,故意说得慢一点儿(或者停止说话!)。由于我的看门狗只是"准备行动",而且我和孩子在一起的情境对身体并没有危险,所以我有时间和安全感注意到自己的反应。

#2 担心你在奖励不良行为

这是看门狗大脑的一种正常而常见的恐惧,尤其是因为本节中的策略感觉像是奖励：饮料、零食、运动。你的猫头鹰大脑知道你的孩子不仅仅是"表现得不好"，你的孩子之所以有挑战性的行为，是因为他们的激活程度和缺乏安全感。你的孩子的看门狗大脑可能需要更多的结构和边界才能感到安全。如果你想尝试这种策略，请参阅第 6 章和第 9 章，了解有关增加结构和边界的想法。

给孩子提供他们所需要的东西，让他们感到受调节、有连接和有安全感，这不是"奖励"，这是爱和尊重。

#3 相信你必须做点儿什么

有时孩子的看门狗误解了你帮助孩子感到安全的努力。你的孩子可能真的觉得你在试图改变他们或欺骗他们，这可能会让他们的看门狗大脑更加害怕！

既然你的孩子没有进行身体上的危险动作或表现出攻击性，只是处于"准备行动"的状态，那么你可以考虑暂时与他保持距离。

停止说话。

要离他们足够近，这样他们不会感到被抛弃；但要离他们足够远，这样才能避免你自己成为威胁。即使你没有成为威胁，你对他们"改变"的希望和期望也可以被体验为一种威胁。保持足够近很重要，这样当你的孩子开始感到更受调节时，你就可以在那里帮助他们。

当我和一个"准备行动"看门狗在一起时，我有时会提供饮料、小吃或运动休息。这是值得尝试的！当你的孩子最终说"好的"或愿意接受你的提议时，你就会知道唤起正在减少，猫头鹰大脑在飞回来的路上了。继续专注于连接和协同调节（而不是教导），直到你的孩子稳定地回到他们的猫头鹰大脑中。这可能需要一段时间。第 9 章介绍了猫头鹰大脑返回时该做什么。

现实生活中的例子

孩子正在准确地告诉我们，他们需要什么。我们必须倾听并相信他们。

我那个喜欢泡泡糖的来访者是一个有学习天赋的孩子，但他对挫折的忍耐度很低。在学校里，他的看门狗很快就"准备行动"了，他总是对抗、挑衅、粗鲁和"回避工作"。由于阅读能力落后，希洛被从课堂上抽出来，放到一个特殊小组里，在那里，他的不良行为迅速升级。阅读支持专家对他的行为感到困惑和慌乱。她不理解他的大脑，也没有支持他的方式。有些日子他在阅读小组表现不错。其他日子，他会交叉双臂坐着，嘟囔着，瞪着眼睛，拒绝做任何事情。在他压力最大的日子里，他会逃离教室，甚至是学校大楼。

幸运的是，他就读的学校的工作人员非常投入地学习如何支持他。学校辅导员口袋里揣着泡泡糖四处走动，试图像我一样跟他建立信任！

一天下午，在课堂上，我和他的妈妈正在探索如何支持希洛和他的阅读老师。回头来看，我们当时在做的是试图找到一种方法,胁迫希洛表现得更好。在一个瞬间,我好像被闪电击中一般,我看着他妈妈说:"他在准确地告诉我们他能应付什么,不能应付什么。很明显,当他对阅读老师翻白眼,并说她很蠢的那一刻,他真正在说的是'我今天做不了这个!弄清楚这一点所需的心理技巧太多了。这让我已经很紧张的身体更紧张了,我做不到。'"他妈妈睁大眼睛,慢慢地点了点头,她考虑着这个解释,意识到这完全是真的。

当孩子们告诉我们问题在哪里时,我们的工作就是倾听——即使他们没有使用完美的句子。他们无法使用完美的句子,因为看门狗不会用句子说话!

作为一个团队,我们制订了一个更容易识别希洛行为线索的计划。当他以一种传达"我压力太大"的方式行事时,成年人的反应是减少要求,增加连接和协同调节,并提供运动。他被允许进入他的学校辅导员所创造的感官空间。有时希洛会调节到足以回到阅读小组;有时他没有。他生活中的成年人了解到,缓解他的压力和增强他的猫头鹰大脑比阅读课程表更重要。他们相信,随着希洛的猫头鹰大脑越来越强大,他探索、学习和合作的天然欲望就会出现。

这并不意味着成年人从未感到沮丧。希洛的神经系统特别脆弱,有时他的看门狗行为有点儿像是在给所有那些成年人比画不友好手势。希洛的妈妈和我会轻笑一下,好奇当他真正学会咒骂手势时会发生什么。希洛的父母和老师有时会以自己的看门狗大脑,对他的行为做出反应。毕竟,他们只是普通人。

随着时间的推移,希洛行为的严重程度有所下降。他不再做出逃离学校大楼这个对安全构成严重威胁行为,相应地,他开始逃到感官室。他的粗鲁减少了（一点儿），有时他甚至会以开玩笑的适当方式粗鲁地表达。他接受安全提示的能力增强了，因为他的大脑压力减轻了，他开始信任学校里的成年人是站在他那边的。这种转变产生了更社交恰当的行为，因为他更经常处于连接模式。

希洛在学校继续在学业和行为上挣扎，因为他大脑的特殊状况导致他的智力和学习成绩之间的巨大差距。他的挣扎让他时常感到沮丧。通常情况下，他的神经系统倾向于保护模式，而他生活中的成年人学会了不把他的行为视为针对他们个人的行为。

与希洛的家人合作的一部分是帮助每个人对希洛产生适当的期望，并为他们本以为抚养他会是什么样子而悲伤。希洛开始体验到被人看到真实的他，而不是所有成年人所希望的他。

"后退"看门狗

不安全！
- 使用恐怖行为来保护自己
- 吠叫、嗥叫、咆哮
- 可能会利用其四肢的能量离开或逃跑

"后退"看门狗在吠叫、咆哮，或者表现得很吓人。它可能会决定，与其让你后退，不如它自己后退，离开这个场景，无论是身体上还是能量上。它把你拒之门外，无视你，拒绝对话。

如果你在这种程度的唤起中看到身体上的攻击行为，那不是真正的危险，这是一种用行为表达"后退"的方式，但这只看门狗实际上并没有处于"攻击"模式。

猫头鹰大脑已经消失了。想想你孩子的"后退"看门狗举着一个大大的停车标志。除了创造安全，什么都不要做。

"后退"看门狗的干预

#1 清晰地传达"我不会伤害你！"

当你的孩子专注于让你后退时，你使用的语言应该是"我很安全""我理解""我不是威胁"这一类。

孩子的看门狗关注于你做什么，而不是你说什么。要非常注意你的语调和肢体语言。

移动你的身体，使你的身体低于你的孩子。坐着、蹲着，或者只是向后仰。

#2 保持环境的安全

过去，很多有着非常活跃的看门狗大脑的孩子来到我的办公室，而我对玩具、装饰品和家具的挑选和布置非常有策略性和目的性。其他治疗师有漂亮的装饰、昂贵的沙发和枕头以及有意义的小摆设。

我从不希望办公室里有任何东西会让我比对孩子们更担

心。这意味着低预算的物品，很容易替换、修复或清洗；如果我的沙发被尿了，我能够轻松地清洁它；如果胶水或油漆洒了，我不想集中注意力在地毯上——我想专注于帮助孩子感到安全。如果孩子的看门狗被激活，并告诉我后退，我不想担心他们会打碎我最喜欢的小东西，或把它扔到我脸上。

如果一个孩子的看门狗经常让你后退，我强烈建议你考虑类似的事情。在他们的房间里或任何房间里，什么类型的东西是安全的？收拾好你在祖母去世时所继承的不可替代的餐具，请保持装饰品的简约，现在不是挥霍金钱购买你一直梦寐以求的沙发的时候。

#3 保持你自己的调节

当太过混乱的时候，你到底是如何保持冷静的？

这是一个非常好的问题，本书有整整一章专门讨论这个问题——第 12 章。

这是可能的。你无法一直保持冷静，因为你只是一个真实的人，有时会对混乱做出反应，无论你有多强大的猫头鹰大脑。如果你和一个看门狗大脑几乎总是告诉你后退的孩子住在一起，你可能想直接跳到第 11 章和第 12 章。

需要小心的事

#1 没有注意到你的孩子何时从"后退"变成"准备行动"

当你与"后退"看门狗互动时，最重要的是要注意它们何时会进一步变到"准备行动"看门狗级别。我们所有的孩子都有不同的指示和线索，说明他们即将变化到下一个级别。当你在琢磨清楚孩子的情况时，要对自己有耐心。

也许是他们的音调变了，也许他们哭泣的强度发生了变化，也许你注意到他们的眼神变了，或者只是他们说的话变了一点点。

当你的孩子专注于让你后退时，你的主要目标应该是阻止升级。当他们最终进入激活状态时，你可以对那些较低的唤醒水平使用有效的干预措施，如饮料或零食、运动或妥协。

#2 试图调动猫头鹰大脑

当你的孩子专注于让你"后退"时，他们根本就不讲道理。他们可能会说一些没有意义的话，或者就一些根本非真实的事指责你。比如"你恨我！！！"

你会被诱惑着以猫头鹰大脑的干预方式去回应这些"后退"看门狗行为，例如尝试讲逻辑和推理。

别犯傻了！这只看门狗不讲道理。不要试图说服他们错了，你不恨他们。具有讽刺意味的是，尝试这样做通常只会让事情变得更糟。猫头鹰大脑不在附近，所以你不能和这个孩子讲道理。但别担心。不与"你恨我"之类的事情争论并不意味着你同意他们的观点。

你可以说："你觉得好像我恨你！"或者你就什么话也不说。

#3 在猫头鹰大脑恢复之前，无法一直坚持

养育一只看门狗很累人。有时，父母非常渴望猫头鹰回来，以至于他们误读了提示，开始和孩子接触，就好像猫头鹰回来了一样。

幸运的是，你的孩子会明确表示，他们与猫头鹰大脑还不能完全连接，因为他们的行为会再次升级。

注意你自己的触发因素，可能是感觉时间紧迫，或者你已经付出了足够长的时间，又或者只是到了结束这一切的时候。虽然这些对你来说都是非常正当的感觉，但你孩子的猫头鹰大脑并不一定同意。

我知道这很累人，不是你所期待的。我也知道，对最奇怪、最混乱的行为变得更加宽容确实是可能的，这样你就能更好地保持冷静。第三部分将为你提供具体的步骤，让你在不给已经非常紧张的生活增加更多负担的情况下，发展自己的猫头鹰大脑。

现实生活中的例子

雅斯梅是一个精力充沛的 10 岁女孩，她的神经系统特别脆弱，有一次，当她准备离开我们的治疗会谈时，她问她的父亲是否可以在加油站停下来喝饮料。这个孩子通常用食物以及她认为是款待或礼物的东西调节。通常，她的父母会回答"好的"，这成了一个可爱的治疗日仪式。

这天下午，由于其他安排，他们需要立即回家，没有时间在

中间的加油站停下来。爸爸怜悯地说了"不行",并与她的感受同频地说:"我知道这很令人失望,但我们今天没有时间停下来。"

尽管爸爸在努力同频她的感受,雅斯梅还是立刻反应升级了。她尖叫着"你恨我!"然后朝爸爸的方向扔了一个毛绒玩具。"我从来得不到我想要的东西!"

她的非理性和紧张让我知道她变得多么失调。她的行为有轻微的身体攻击性(扔东西),但没有"攻击"看门狗的强度,所以我知道被扔的毛绒玩具更多是为了让我们"后退"。

我做的第一件事就是深呼吸。

老实说,我很沮丧。这是她该走的时候了。她的父亲肯定不恨她,她几乎总是在治疗后得到她的零食,这是一个非常不寻常的例外情况。我知道我有一个来访者在候诊室等着,更不用说大楼里的其他三个治疗师了,他们和他们的来访者在一起,而我的来访者在尖叫。当我选择在我们的小蓝屋里进行治疗时,是因为预期到会有正常的尖叫,这是意料之中的事,但当我的来访者升级到干扰其他人治疗的地步时,我经常感到后悔。

我注意到了自己的沮丧,并提醒自己这是一个失调的状态。我知道,我的同事也知道,我们的其他来访者也知道。

当我的来访者爬进我的窗台时,我很快评估了她够得到的地方是否有危险的东西。我确信她在我的窗台上很安全,于是我盘腿坐在地上。

她爸爸收到了我的提示,坐在沙发上。他什么也没说。

"你想喝饮料,然后爸爸拒绝了!"我说,声音带着激烈的口气。我想提供给她一面镜子,让她知道我理解她。

"他恨我!!!"

爸爸仍然什么也没说。完美。与看门狗争论是一场注定失败的战斗，会增加失调。

"你想让我给你拿杯饮料吗？"我们在候诊室里有一台饮水机，我把果汁放在我们的宿舍小冰箱里。

"闭嘴！！！"

同频意味着认可我们孩子的所有感受，即使他们以不尊重的方式表达。当看门狗专注于让我后退时，它不会尊重。当猫头鹰大脑回来时，我们可以得到尊重。

所以，我闭嘴了。

在接下来的五分钟左右的时间里（感觉上似乎更长），她咆哮着，露出牙齿，尖叫着："你恨我""爸爸恨我""我从来没有得到我想要的"。不过，她没有身体攻击性。

偶尔，我会说这样的话："哇，你的身体可能又累又渴了。我能给你拿杯饮料吗？"

对此，她会尖叫着："不！！！！！！！！！！"

每当我开始失去耐心，被诱惑说一些毫无帮助的话时（"该走了""你总是得到款待""没人恨你"等），我都会深吸一口气，想象一只害怕的猫头鹰躲在房间的角落里。我提醒自己，猫头鹰听不见我说话。争吵和对看门狗感到沮丧只会增加它的咆哮声。

最后，她接受了我一次无力的提供感官体验和一些滋养照顾的尝试。"好吧。"她说，她想喝一杯饮料。

"爸爸，"我问，"你能从冰箱里拿一盒果汁吗？"

爸爸说："好的，当然可以。"当他回来时，他把吸管放进果汁盒，递给仍坐在窗台上汗流浃背的女儿，然后坐回沙发上。

"我敢打赌你一定又渴又累，"我说，"你的看门狗大脑在努力保护你的安全！！！"

把果汁盒吸干后，她从窗台上爬下来，眼睛瞥了爸爸一眼。

"你准备好走了吗？"他说。

她点点头，抓住他伸出的手。

"亲爱的，下周见。我迫不及待地想再次见到你。"

"攻击"看门狗

不安全！
- 相信它处于直接危险之中
- 打、推、吐、踢

"攻击"看门狗认为危险迫在眉睫，并将采取一切措施保护自己。

记住！你的孩子，或其他任何人，对另一个人有身体攻击性的唯一原因是，他们认为自己处于危及生命的危险中。人类之于人类，是最危险的捕食者，我们的看门狗大脑的进化是为了保护我们免受危险。

"攻击"看门狗的干预

#1 保护自己的安全

如果你不需要为孩子提供物理控制以确保安全，请远离他们有一臂之距，把手放在背后。接下来，快速环顾四周环境，是否有任何物品或物体需要快速、安全地转移到孩子够不到的地方？

#2 保护孩子的安全

当我们的孩子在由"攻击"看门狗主导时，我们自己的"攻击"看门狗有被激活的风险，从这时起，我们可能会无意中以不安全的方式使用我们的手。

如果你正在养育一个偶尔需要物理控制的孩子，请通过适当和被批准的培训来保护自己和孩子。只有当物理控制是保证你或你的孩子安全的唯一方法时，才可以使用物理控制。物理控制从来都不是一种策略——它只是一种保护。

#3 保持靠近，但不要太近

如果你是受调节的（不是平静），保持足够近的距离以确保人身安全，必要时进行控制，但要保持足够远的距离，以明确表示"我不会伤害你"。

保持足够近的距离，以便你可以注意到"攻击"看门狗开始减少激活的非常微妙的迹象。然后，你可以使用适合"后退"或"准备行动"看门狗的育儿策略。

需要小心的事

#1 飞行物体

一定要躲开！说真的，小心任何可能伤害你或你孩子的东西。

#2 摆动的手臂、腿和瞄准良好的口水

如果你被击中，是因为你离得太近了。身体上离孩子远一步。如果他们继续追着你并持续伤害你，做你需要做的事情来保护你们两个的安全。

#3 任何可能伤害你或你的孩子的事

当孩子的看门狗攻击你时，你唯一应该考虑的就是如何保护每个人的安全。

现实生活中的例子

候诊室里发生了一起事故，提醒我 11 岁的杰克逊已经来咨询了。我及时赶到，正好看到杰克逊向他爸爸扔杂志，要不是他爸爸迅速地躲开，差点儿就打中了。

我很想准确地告诉你，我接下来做了什么和说了什么，但我根本不知道。我知道有一刻，我把一个轻便的桌子移到了杰克逊够不着的地方，因为他可以很轻易地把它拿起来用作武器。它很容易够得到，因为他已经把它推向我了。

我知道当一切结束的时候，杰克逊很安全，我很安全，他的身体很安全，什么都没有坏。

我重写了这个现实生活的例子。这是不可能的，因为没有正确的方式来回应"攻击"看门狗。当你的孩子处于物理危险时，你的看门狗大脑就会接管你。顺其自然。看门狗的职责是迅速行动，保护你的安全。

这还不够

如果你有一个经常处于攻击的看门狗大脑状态的孩子，你肯定会对本书这一部分的长度感到失望。你可能一直在急切地——如果不是绝望地——等待这一部分。

你的家庭是最需要帮助的家庭，但不幸的是，你需要真正的、生活在战壕里的帮助。支持有长期攻击性或危险行为的孩子的家庭有很多细微差别，试图在书中解决这些问题，对你来说是不公平的。

为了减少孩子的"攻击"看门狗被激活的频率，你的家人能做的最重要的事情就是关注第6章中的工具和技术，以及本章中描述的对"准备行动"看门狗的干预措施！

下一步是什么

在第9章中，娜特提出了一个你可能也想知道的问题。"但是，后果如何？"

安抚看门狗大脑可能是应对挑战性行为最困难的部分，但这不是最后一部分。帮助孩子感到安全的一个重点是有明确和可预测的界限和期望。一旦孩子的猫头鹰大脑恢复，我们可以将注意力转向与猫头鹰大脑的连接和教学。按照第9章中概述的步骤重新连接猫头鹰大脑，可以让孩子的看门狗大脑清楚地看到，你并没有忽视不良行为；你把它当作一条线索，这样你就可以解决真正的问题。忽视不良行为实际上会让看门狗大脑处于警觉状态，然后是的，你猜对了，会有更多的看门狗大脑行为。

这一点非常重要，我写了整整一章（第9章），讲述如何与孩子的猫头鹰大脑建立连接并进行教学。如果直接跳到那一章，能让你的看门狗大脑平静下来，那就去吧！你可能需要更多地学习与猫头鹰大脑重新连接的策略，而不是学习安抚负鼠大脑的策略（第8章）。

Raising Kids
with Big, Baffling
Behaviors

第 8 章

负鼠大脑的育儿策略

"我问你一个关于我另一个孩子的问题,可以吗?"你问。

"哦,当然!你知道,我们几乎从不谈论萨米的哥哥。有时我甚至会完全忘记他的存在!"

"嗯,萨米需要我们太多的关注和积极的养育,我认为摩根有时有点儿被忽视了。与萨米相比,他很容易相处,但我实际上开始怀疑这是不是个问题。"

"告诉我关于摩根的事,"我邀请你多说点儿,"怎么了?"

"好吧,昨天,摩根忘了清空洗碗机。这没什么大不了的,我也没有生气。摩根正在厨房里喝饮料,所以我只是提醒他关于洗碗机的事。天哪,他的反应看起来,我好像在尖叫、大喊大叫似的。"

"哦,是吗?他做了什么?"

"没什么!就是那样。如果是萨米,她可能就已经用饮料瓶砸向我了,但摩根什么也没做。他不看我,甚至没有回应我,或理会我说了什么,尽管他清楚地听到了我的话。他只是站在那里,冰箱门大开着,等着我去关。"

"然后呢?"

"嗯,我很沮丧,说了句'嗨?摩根?地球呼叫摩根!'"

"啊,你的看门狗大脑出来了!在面对处于负鼠大脑状态下的孩子时,这种情况经常发生。"

你居然对我翻了个白眼。这太可爱了。

"怎么了?"我问,假装有点受伤,"你不喜欢负鼠?"

"嗯,不喜欢。负鼠很奇怪。但我忘了负鼠大脑这回事。我的意思是,这里当然还有另一种动物。就像一个正规的老动物园。"

"负鼠很奇怪。我有没有告诉过你,那次我醒来时看到一只负鼠坐在我家书房的打印机上?是的!真实的故事。我吓坏了,它吓坏了。它嘶嘶作响,对我咆哮了几分钟。那只负鼠的看门狗大脑启动了!但最终我想它已经足够害怕了,它装死了。"我翻白眼,伸出舌头,翻仰着头。"你知道的,就像一只负鼠。"

"那并没有真的发生。"你说。

"哦,真的发生了。事实上,它真的装死了,这很好,因为这样我们就可以把它移到外面了。五分钟后,我去检查了一下,它果然不见了。装死对负鼠——和我们——来说绝对是最安全的举动!"

"还记得保护性大脑有两条通路吗?一条通路增加能量——看门狗通路?这是萨米通常进入的通路。另一条通路减少能量——负鼠通路。我想知道摩根的神经系统在面对压力时,是否有时会进入负鼠通路?"

"这很有道理。那么我该怎么办呢?"

"首先,注意你自己的反应。"我说,你的肩膀微微下垂,露出失望的神情。你可能想要一个具体的方法来帮助摩根,但我继续说道,"当你的孩子进入负鼠通路时,你很容易进入看门狗大脑状态。但如果你还记得负鼠大脑已经非常非常害怕了……"

"……然后看门狗可能会把负鼠吓得更厉害。"你说出了我的想法。我们之间的共鸣和连接时刻让人舒缓下来,我们同时呼了一口气,放松地靠回椅子里。

"没错。"在继续之前,我允许稍做停顿,这样你和我都能稍微感受到我们自己的负鼠能量。过了一会儿,我继续用更安静的声音和更柔和的语调说话。"在你注意到自己的反应后,下一个重要的步骤是提醒自己,这种负鼠行为是大脑在保护模式下的行为。这可能很难记住,尤其是与萨米的看门狗大脑相比,因为负鼠的行为看起来并不'糟糕'。"我在"糟糕"周围用手势加上了引号。

我继续说,"负鼠大脑状态下的孩子需要我们有很低的能量,保持较慢的节奏,与他们的能量相匹配,但不要带有恐惧、茫然或困惑的感觉。你知道,有点儿像你和我现在的能量状态。巨大的能量,即使不可怕,也会让负鼠大脑的孩子不知所措。在理想情况下,当你注意到摩根进入他的负鼠大脑状态时,你可以深吸一口气,降低音量和声音强度,然后说'哦,嘿!你没有惹麻烦,我只是提醒一下你洗碗机的事。'"

"然后你可以说,'喝完这杯饮料吧,我想我也要喝一杯。你可以在喝完饮料之后再清空洗碗机,也许还可以吃点零食。'"

"你已经知道,饮料和零食是我与看门狗大脑和负鼠大脑连接的常用方式。在负鼠通路中的孩子正在将他们的大脑与身体断开,所以饮料、零食、低能量运动或感官游戏等感官策略是轻轻地将他们拉回到他们身体中的好方法。摩根喜欢像萨米那样玩剃须膏吗?"

"摩根讨厌手指上有黏糊糊的东西,但喜欢涂色和缝纫等艺术和手工活动。"

"这很合理。通常,负鼠通路更强的孩子喜欢安静、独立的活动,这些活动只会对感官产生一点儿影响,比如涂色、缝纫或其他艺术和手工活动。有时,应对负鼠大脑的孩子最好的办法是从正在发生的事情中暂停一下——比如家务活、家庭作业或其他什么事情——去做一些安静的、能让身体稍微参与的事情。然后让他稍后再完成家务。"

我伸手去拿我的三环活页夹,翻到"'梦幻地带'负鼠的特征"那一页。

"这听起来像是摩根进入了神游状态……恍惚、出神、不理你。就像'怎么了'看门狗一样,'梦幻地带'负鼠与猫头鹰大脑仍然有一点儿联系。我的猜测是,如果你放慢速度并鼓励他喝饮料,你可以很快与摩根的猫头鹰大脑重新连接起来。你认为呢?"

"是的,我想是的。"当泪水夺眶而出时,你的眼睛闪烁着。

"哦,娜特,"我轻轻地摇头,平静而缓慢地说,"这些眼泪背后是什么?"

"我总是很容易以为摩根的状态还很好。他的行为还不错,当我注意到这些行为时,我通常只是感到恼火。摩根被忽视了,这是不公平的。"

"是的,很不公平。摩根因为被提醒做家务而面对如此大的压力,这是不公平的。摩根和萨米都有如此脆弱的神经系统,这是不公平的。这对他们和你来说都很难。这些眼泪很有道理。"你从离你最近的纸巾盒里抽出一张纸巾,我们对视上了。

有时,我们唯一能做的就是通过正视和承认悲伤来尊重它。

为负鼠大脑引入安全、受调节和有连接的干预措施

对于负鼠大脑过度活跃的孩子来说,最重要的一件事是要记住,猫头鹰大脑离我们很远,可能需要很长时间才能回来。

在第 5 章中,你已经非常擅长观察孩子的行为,并提醒自己所见并非所得。你了解了猫头鹰、看门狗和负鼠大脑的概念。你学习到猫头鹰大脑处于连接模式,而看门狗和负鼠大脑则处于保护模式。你花时间跟踪和观察孩子的行为,问自己:

"这种行为到底说明孩子的神经系统怎么了?"现在你可以更准确地判断你的孩子是处于猫头鹰、看门狗大脑状态还是负鼠大脑状态。这些信息帮助你在对的时间选择用对的干预措施。

负鼠通路就是佩里博士所说的解离连续体。[1]如果你熟悉多层迷走神经理论,你可以将负鼠通路等同于迷走神经背侧复合体。负鼠通路在神经感知到生命威胁时才被激活,而不仅仅是危险。看门狗相信自己有能力应对可怕的情境,它可以咆哮、逃跑或战斗。负鼠认为自己在绝境中是无助的,于是通过收缩来保存能量。解离连续体是为了生存而做出的最后努力,负鼠通过"离开现场"来减少痛苦的感觉。

在继续之前,让我们回顾一下负鼠大脑中五种不同程度的解离水平(见表8-1)。如果你需要的不仅仅是快速复习,请翻回第5章。

表 8-1

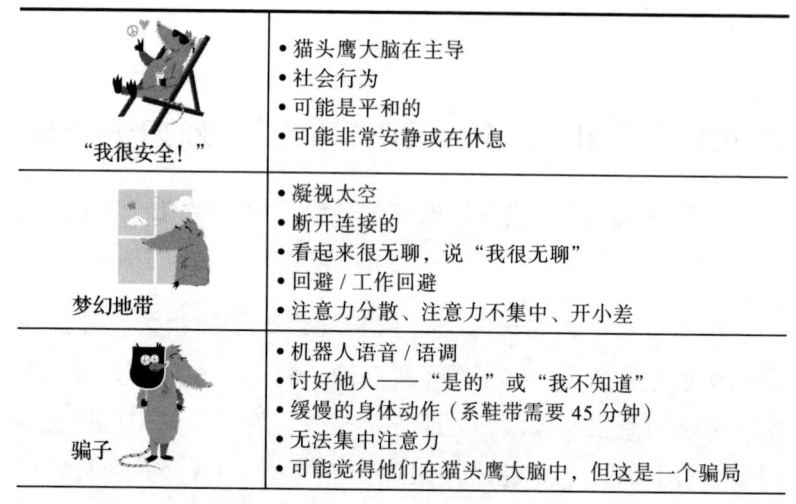

"我很安全!"	• 猫头鹰大脑在主导 • 社会行为 • 可能是平和的 • 可能非常安静或在休息
梦幻地带	• 凝视太空 • 断开连接的 • 看起来很无聊,说"我很无聊" • 回避/工作回避 • 注意力分散、注意力不集中、开小差
骗子	• 机器人语音/语调 • 讨好他人——"是的"或"我不知道" • 缓慢的身体动作(系鞋带需要45分钟) • 无法集中注意力 • 可能觉得他们在猫头鹰大脑中,但这是一个骗局

（续）

关机	• 明显缺乏眼神交流／目光向下看 • 身体塌陷成"C"形，膝盖可能靠近胸部 • 手臂可能保护头部／躯干 • 极其缓慢／迟钝（例如无法下床） • 停止说话
装死	• 完全无响应 • 昏厥或突然入睡（非嗜睡症） • 导致与现实完全脱节的解离

如果你有一个经常或者偶尔进入负鼠大脑状态的孩子，你可能会对这种反应机制感到困惑，因为它是在面对严重的生命威胁时被激活的。你的孩子在当前可能没有很多（或者根本没有）真正威胁生命的经历。

但或许他们过去也这样做过。

当婴儿没有得到他们需要的协同调节时，负鼠通路就会被频繁激活。对于年幼的婴儿来说，独处或缺乏协同调节危及生命，负鼠通路是他们唯一的保护手段。婴儿不能逃跑或反击。

当负鼠通路被频繁激活时，它就会成为默认通路。

这样的孩子的压力反应系统会变得过于敏感，以至于日后，正常生活中的压力源，比如必须完成家庭作业或做一件简单的家务，也会激活负鼠大脑反应。

即使不是生命威胁，也感觉如此

重要的是要记住，有负鼠行为的孩子压力很大。他们的大脑正在通过神经感知生命威胁。负鼠通路开始将他们的思想与身体脱节。这很聪明,因为如果他们面临如此大的威胁,谁想与自己的身体保持连接?

有时,负鼠大脑行为似乎不像看门狗大脑行为那么紧急,因为它表面上没有攻击性。因为我们中的许多人从小就被教育,要重视顺从而非自主,所以我们有时会忽视负鼠行为背后的失调和恐惧。尽管外表如此,但是当孩子进入负鼠通路时,他们的神经系统处于极度痛苦之中。

信不信由你,认识到这一点是第一个策略。

负鼠就是负鼠

就像第 7 章关于看门狗大脑的内容一样,在这一章中,我将为所有不同类型的负鼠提供一些干预措施:"梦幻地带"负鼠、"骗子"负鼠、"关机"负鼠和"装死"负鼠。与看门狗大脑不同,你与每种不同的负鼠的连接方式没有太大区别。我推荐的大多数干预措施适合每种负鼠(见表 8-2)。

表 8-2

1. 识别痛苦
2. 慢下来
3. 提供与感官世界的联系
4. 改变或消除压力源
5. 耐心等待

负鼠大脑的干预

#1 识别痛苦

改变我们看待孩子的方式，就能改变孩子，也会改变你自己。如果你能看到负鼠大脑行为的真实意义，你更有可能通过为孩子提供一个安全和治愈的时刻来回应孩子。识别痛苦就像从我们通常在孩子身上看到的行为中创造新的意义一样简单。梦幻地带里的茫然也许是一种压力反应。不回答问题可能也是一种压力反应。当你因为你的孩子似乎"不在状态"（就像娜特说"地球呼叫摩根"）而感到烦躁时，你可能正在面对孩子的负鼠大脑压力反应。

#2 慢下来

当涉及能量和激活程度时，负鼠通路与看门狗通路是相反的。看门狗的胳膊和腿有很大的能量，所以它们可以逃跑或战斗。负鼠则踩下能量刹车，然后能量急剧减少，从它们的胳膊和腿上流失。负鼠通路中的孩子需要我们在这个能量低而缓慢的地方与他们相会。深呼吸，降低音量和语调。安静一点儿，温柔一点儿，温和一点儿，同时与猫头鹰大脑的自信保持连接。

#3 提供与感官世界的联系

温柔地通过吸引孩子的感官来帮助负鼠状态的孩子重新与自己的身体建立连接。当你的孩子陷入更深的负鼠状态时，你必须更加温和地提供感官体验。

以下是第 7 章的快速回顾（也许你跳过了第 7 章，因为你家里没有看门狗大脑的孩子）。我们有五种外部感觉——嗅觉、视觉、触觉、味觉和听觉——以及与移动身体有关的感觉（本体感觉和前庭感觉）。我们都以不同的方式对感官输入做出反应，以更多的调节还是更多的压力则取决于我们的个人偏好。也许你喜欢在游乐园等繁忙、嘈杂的地方生活，但对你的孩子来说，那里有太多的声音、风景和气味。

感官体验可以帮助处于看门狗大脑和负鼠大脑状态的孩子。表 8-3 与第 7 章提供的感官图表相似，但略有不同。你注意到区别了吗？

表 8-3

饮料	零食	活动	水
热的	有嚼劲的	掌上小玩意[一]	泡澡/淋浴
冷的	脆的	可移动的座位	游泳
浓的	酸的	拇指摔跤	洒水器
甜的	吸吮的	涂色/艺术/手工	饮料

在"活动"类别中，寻找能量小而低的活动。对于负鼠大脑状态下的孩子来说，掌上小玩意是很好的选择，因为它们只需要很少的运动。你可以尝试不同的材质，比如装满培乐多（Play-Doh）黏土的气球和装满水珠的气球。我也喜欢给负鼠大脑状态下的孩子一个带一点点活动功能的坐着的地方，比如瑜伽球（有底座的）、摇摆垫或可以轻轻摇晃的椅子。在非传统的地方，比如餐厅，可以放置带软垫、可旋转、可前后摇晃的桌椅。

[一] 例如指尖陀螺。——译者注

涂色和其他艺术和手工可以帮助负鼠大脑状态下的孩子连接他们的感官。大多数艺术和手工活动都涉及小的动作（切割、涂色、折叠、黏合），许多艺术和手工活动都能启动其他感官，包括视觉、触觉，甚至嗅觉。我们都知道一盒蜡笔闻起来是什么味道！考虑用防水纸盖住桌子或平面，并提供蜡笔或彩色铅笔。如果你的孩子倾向于在不合适的表面上涂色，请提供充分的监督（减少距离）。

以下是一些其他想法，可以温和地让负鼠大脑状态下的孩子参与进来（见表 8-4）。

表 8-4

压力	节奏	呼吸
莱卡（床单、紧身袜、紧身衣）	听音乐	吹气球
加重物品（毯子、披肩、围巾）	来回游戏，比如扔气球或滚球	吹泡泡
临时文身	跳舞/摇摆/摇滚	吹棉球或来回吹羽毛工艺品

莱卡是一种便宜的面料，有很多用途！我的朋友马蒂·史密斯，是莱卡女王！看她的书《连接的治疗师》，可以了解更多关于如何使用莱卡的想法。[2] 加重物品可能很贵，我发现有些孩子喜欢它们，有些孩子讨厌它们，有些孩子几天后就对它没有任何感觉了。如果可以的话，在去买之前，先从朋友那里借一件加重物品。

我曾经和孩子们玩了一整节咨询，在我们的胳膊和腿上都贴满了临时文身。临时文身很便宜，需要施加一些温和的压力。随着孩子们开始得到更多的调节，贴临时文身可以成为一种合作体验，我用力在孩子身上贴上文身，孩子也用力在我身上贴上文身。不要害怕把临时文身弄得到处都是！临时文身很容易用酒精或婴儿湿巾擦掉，这样你就不必带着额头上有美人鱼的文身上班了。有些孩子甚至可能喜欢与你搭配临时文身，在你身体的同一部位贴上一样的文身。

想办法把节奏引入孩子的身体。如果孩子喜欢听音乐，听音乐是一种很容易把节奏带给孩子的方式。我经常鼓励父母检查他们与此有关的规则，包括孩子可以听什么音乐以及孩子什么时候可以戴耳机。孩子戴着耳机四处走动似乎很粗鲁，但这几乎可以肯定是他们直觉地将调节带入身体的一种方式。记住，我们都有不同的感官需求和偏好。你的孩子觉得有助于调节的音乐，可能与你的完全相反。当你的孩子听着他们的音乐时，你可能会坚持认为他们无法清晰思考，无法做数学作业。然而，如果他们真的在做作业，那么音乐是在调节，而不是分散注意力。

#4 改变或消除压力源

我花了很多时间向父母确认，是的，根据孩子的年龄和技能，他们应该能够做你想让他们做的事情——同时也确认，尽管他们应该能做什么，但他们根本做不到。我们必须教育眼前这个孩子，而不是儿童发展书籍上说的我们应该有的孩子，甚至不是五分钟前的孩子。

严重的应激反应表明，孩子没有足够的压力应对能力来做我们希望他们在那一刻做的事情。有时候，我们能做的最好的事情就是消除压力源。从家庭作业中休息一下，休息五分钟，或者一直休息。把这些家务从他们的家务清单上去掉，今天或者全年都可以。有时我们必须重新评估那些看起来不可商量的事情，比如上学，并问问自己这是否真的是不可商量的。

写这本书既辛苦又有压力！有些日子，我有很大的能力来调节压力。有些日子，我会用我最喜欢的感官策略来支持自己，咖啡和口香糖还有《布里奇顿》的原声音乐。有时我一边写一边在跑步机上慢慢地走。有时我会休息一下，跑一跑，然后回来再写。

有些日子，我就是一个字也写不出来。我就是做不到。我当然会写作，但我写不动！一想到要写作，我就头疼。

我是一个成年人了，可以自己制订规则，所以我不在那些日子里写作。如果有人强迫我在头疼的时候写作，我的"骗子"负鼠大脑会首先试图帮助我听从。然后我可能会生气，开始说一些让人不高兴的话，甚至可能故意伤害这个让我写作的神秘人的感受，无论他是谁。之后我可能会开始尝试谈判。再然后我可能会交叉双臂拒绝。如果有人还继续逼我，我可能会把我那杯现在温热的咖啡砸向他。谁知道我会做什么。任何事情。因为我只是，不能，写了。

我会马上回来。我只是需要喝杯咖啡让自己舒服一下。

#5 耐心等待

有时，我们的负鼠大脑孩子需要我们接受他们处于负鼠大脑状态的事实，并与他们在一起。当你的孩子似乎无法从负鼠大脑通路中重新连接到他们的猫头鹰大脑时，深呼吸，只是待在那里。保持静止。保持安静。不带有任何期待，只是待在那里。

我知道你要应对现实生活。你可能无法持续很长时间地只是跟他们待在一起，甚至可能一会儿也做不到。你必须把晚饭摆上餐桌，或者你必须准时上班。你还要照顾其他孩子，他们可能在他们的看门狗大脑里！当你不能和你的负鼠大脑孩子只是待在一起时，戴上 X 光护目镜仍然很有帮助，这样你就可以看到他们的行为到底在向你展示什么：一个孩子的神经系统正以它认为需要的方式做出反应，基于它们从内部、外部和之间感知到的安全。

负鼠大脑需要小心的事

#1 错过它！

人们很容易忽视负鼠大脑的失调，尤其是如果你家里（或者你的工作小组，又或者课堂上）有看门狗大脑的孩子。负鼠大脑的孩子看起来很安静，甚至顺从（尤其是当它是一个"骗子"负鼠时）。

有时我们会注意到负鼠大脑的行为，但会将其标记为消极的性格特征，比如懒惰或没有动力。当我们将这些行为标记为消极的性格特征而不是表明压力反应的行为时，我们对如何应对做出了截然不同的选择。

我不确定有没有真的懒惰的人。人体本来就应该尽可能高效地工作，尽可能少地消耗热量来完成需要完成的事情。"懒惰"可能只是一种神经系统的处理状态，神经系统正在保存所需的宝贵能量，因为过度活跃的看门狗大脑或负鼠大脑让人筋疲力尽。"懒惰"可能是神经系统陷入了负鼠模式。它们的神经系统有意地调低他们所有的能量，以保持安全和生存。

太聪明了。

迅速而有规律地激活负鼠通路的儿童的神经系统真的很受伤。负鼠大脑的孩子需要帮助和耐心。负鼠大脑的孩子在父母教养或治疗方面进展不快。我们必须预料到，与负鼠大脑的孩子连接可能会感到缓慢、无聊，甚至是浪费时间。

事实并非如此。我保证。

#2 以看门狗大脑进行反应

养育负鼠大脑的孩子是令人沮丧的。感觉就像你在不断地重复自己的话，你的孩子从来听不到你的声音，一切都无法好转。

有时你会理所当然地专注于生活本身。你迫切地需要准时出门，这样你就不会（再次）上班迟到，而你的孩子只是坐在他们的鞋子旁，盯着鞋子发呆。或者，他们漫无目的地在家里闲逛，尽管你已经告诉他们背上背包，拿上午餐，在门口穿好鞋等你。在别的日子里，所有的这些事，他们都知道怎么做，而且有时完全有能力自己做！

这可能会让人感到抓狂，你的看门狗大脑会做出反应也是可以理解的。尽量不要让它发生。

在第三部分中，我们将研究如何培养你的猫头鹰大脑，使你更有能力容忍令人沮丧的行为。现在，只需注意你的看门狗大脑是否被孩子的负鼠大脑迅速激活。如果是这样，告诉你的看门狗大脑，这是正常的！你的身体不想跟随你的孩子一起，掉到负鼠通路里，所以它会以保护性的看门狗能量做出反应。感谢你的看门狗大脑努力保护你的安全，然后让它放心，猫头鹰大脑可以安全地连接到你孩子的负鼠大脑。

如果你只是翻白眼，那没关系。这听起来确实有点可笑。

不过，它是有效的。相信我。

#3 过度推行干预措施

没有人喜欢别人控制自己的感觉，但负鼠大脑对你希望它们改变的感觉特别敏感。事实上，负鼠大脑会觉得这更危险。

这是一个棘手的问题。你想让孩子的神经系统痊愈。你希望他们的行为有所改变。我给了你很多关于如何实现这一目标的实用策略。然后现在我跟你说，你不能太努力。

与负鼠大脑的强大能量连接在一起是非常不舒服的。这很容易理解！我们自己的神经系统不想让我们掉到负鼠大脑里，通常会用看门狗的能量来应对。有时，这种看门狗的力量听起来就像娜特对摩根所做的那样——沮丧、被激怒，甚至是惩罚性的。有时，它让我们疯狂而有力地向负鼠大脑提供"干预"，这只会让它更加害怕！我发现自己甚至在治疗室里也这样做过。这就像打鼹鼠的终极游戏。你想喝一杯吗？来点零食怎么样？我知道！让我们到吊床上去。哦，不是这样吗？吹泡泡怎么样？你想跳舞吗？

这种疯狂的能量不会让任何人感到安全，更不用说一个由负鼠大脑主导的孩子了。它也向你的孩子发出了一个非常明确的信息：我希望你变得不一样。

这样想吧。负鼠想要被邀请。它们不想被猛拉、拽或驱赶。

与负鼠大脑的孩子一起工作，帮助我具现了一个始终不变的事实，无论我喜欢与否：我对别人的身体完全没有控制权，无论是我的来访者，还是我的孩子。

"梦幻地带"负鼠

不安全！
- 开始关机
- 可能仍然能够与猫头鹰大脑交流

当你阅读这些针对"梦幻地带"负鼠、"骗子"负鼠、"关机"负鼠和"装死"负鼠的干预措施时，请记住我们已经复习过的关于负鼠大脑的五项干预措施和三件需要注意的事。

就像"怎么了"看门狗一样，"梦幻地带"负鼠与猫头鹰大脑仍然有一定的关系，你可以使用猫头鹰大脑干预，例如逻辑和语言来帮助它。当你遇到"梦幻地带"负鼠时，首先要做的就是暂停下来和喘口气。我可以保证你的神经系统比它们的神经系统运动更快，你需要有意地放慢速度来跟上它们。

例如，当你试图和孩子谈论他们的成绩时，他们似乎不再集中注意力，开始凝视着远方。你本来想说"嘿！注意"，但相反，你深呼吸了一下，并意识到他们的状态是一种受困扰的迹象。也许你会说，"哦，天哪，我又开始唠叨了，是吗？"

然后等着看接下来会发生什么。如果你的孩子同意你又开始唠叨了，这意味着他们又和你连接上了。你可能会说："是的，我注意到你的眼神有点儿呆滞，这让我知道我需要改变一下情况。我去给我们俩倒杯水。"

如果确实需要讨论成绩的事，可以在有更多调节支持的情况下再试一次。在车上或一起吃零食时进行这种谈话。如果你的孩子足够大，可以进行书面交流，可以考虑通过短信进行，这也会鼓励你少说点儿。

现实生活中的例子

12岁的豪尔赫平时是一个随和、顺从的孩子，尤其是与他外向的哥哥相比，哥哥有一个强大的看门狗通路。然而，他的父母开始感到越来越沮丧，因为15分钟的家庭作业可能需要用他3个小时。在做家庭作业的时候，豪尔赫似乎只是在浪费时间，他会不停地上厕所、涂鸦、吃零食、在家里闲逛。他的父母说，他并不完全是在对抗，而是在家庭作业时间，他似乎无法专注，总是在"梦幻地带"。父母对他们花在又哄又骗豪尔赫做作业上的时间越来越不满，尤其是因为"只要他肯坐下来写作业，这只用花几分钟"。他们的看门狗大脑让他们很难面对真正的问题，他们无意中给豪尔赫带来了更多的压力，因此也导致了更多的负鼠大脑行为。

首先，我和他的父母将他的行为重新定义为"梦幻地带"负鼠的行为。理解这些行为有助于豪尔赫的父母与猫头鹰大脑保持更紧密的联系。这几乎立刻帮助他的父母做出了不同的反应，尽管他们仍然是人，偶尔也会感到沮丧。

接下来，我帮助豪尔赫的父母注意到，他实际上在自然地做很多事情，以帮助他的猫头鹰大脑保持活跃，涂鸦、吃零食和在家里闲逛都与感官体验有关。尽管豪尔赫在家庭作业时间仍然生活在他的负鼠大脑中，但我很清楚，他的身体正在努力寻找安全感和受调节的方法。现在，豪尔赫的父母与猫头鹰大脑有了更多的联系，他们能够深入探究豪尔赫的行为，做出一些小的调整，希望豪尔赫寻求感官的行为能帮助他与猫头鹰大脑保持更多的联系。

豪尔赫的父母向他解释说，他们注意到豪尔赫在做家庭作业时喜欢涂鸦，他们用肉铺纸盖住了餐厅的桌子，明确允许他将涂鸦作为一种感官调节策略。他们甚至买了一些特殊的"家庭作业时间"蜡笔。他的父母在家庭作业时间摆了一碗椒盐卷饼，满足了他对松脆零食的需求。豪尔赫似乎更喜欢松脆的、咸的零食，而且我们知道，松脆和咸都可以是保持与猫头鹰大脑联系的感官体验。我还鼓励他的父母设置一个计时器，这样豪尔赫就可以每10分钟休息一次，去游戏网站上玩一会。他的父母担心只花 10 分钟做作业，时间不是很长，但我提醒他们，随着豪尔赫的猫头鹰大脑越来越强大，我们可以减少脚手架，豪尔赫才可能在任务中停留超过 10 分钟。

随着学期过去，家庭作业时间变得不那么紧张了。有些日子，完成家庭作业仍然需要过长的时间，这真的会让豪尔赫的父母感到沮丧。当他们开始有看门狗大脑反应时，他们学会了休息一下，然后离开餐厅。有些日子，他们会完全放弃家庭作业，这根本不值得对他们与豪尔赫的关系产生负面影响。这对豪尔赫父母来说是有风险的！他们在自己的成长中学到，完成任务比任何事情都重要，无论是学业还是工作。但从放学后到睡觉前没有太多的时间，他们厌倦了把这些时间牺牲在紧张的家庭作业上。他们甚至开始重新定义一个成功的下午，不是一个豪尔赫做完作业的下午，而是一个他们没有争吵和沮丧的下午。减少这种压力会增加安全感，从而提高了豪尔赫对挫折的容忍度——这实际上使豪尔赫完成了更多的家庭作业，而不是更少。

我和豪尔赫及其家人一起工作，直到他上初中。豪尔赫了解了自己，知道他不会成功地完成若干荣誉或大学预修（AP 级别）的课程。他根本没有能够调节他应对这种压力的神经系统——而这没关系！这种自我认知使豪尔赫在选择课程时更有清晰的目标。有时豪尔赫的父母觉得他很懒，但我提醒他们，我们都有不同的性格和压力反应系统。成年人选择自己的工作类型时，有时不会那么深思熟虑。对压力承受能力强的人会选择压力大的工作，其他人会选择压力较小的工作。两者都是有效的选择，最重要的是，充分了解自己，才能做出这些选择。

豪尔赫不再在厨房的桌子上做家庭作业，但当他在房间里做作业时，他几乎总是吃松脆的零食。在学校里，他为自己争取到了嚼口香糖的权利。看着他用他的猫头鹰大脑与老师协商他成功所需的东西真的令人惊叹不已。他的父母开始意识到，自我主张作为一种生活技能，甚至比学会完成困难的任务更重要。

"骗子"负鼠

> **不安全！**
> - 伪装起来，看起来安全和有连接
> - 过于顺从
> - 像机器人一样

人们很容易忽视"骗子"负鼠的痛苦信号。

"骗子"负鼠有时会欺骗我们，让我们以为它们在猫头鹰大脑里。它们可以如此顺从，与所有的看门狗大脑和所有其他负鼠大脑的行为相反。骗子负鼠说"好的"并且似乎同意按照你说的去做。然而，我们越观察，就越开始意识到，"骗子"负鼠的在场感是如此的微弱，以至于他不足以形成自己的意见或决定是否合作。他所说的"好的"的回答只是一种自动性、保护性的反应。

我有时从"骗子"负鼠身上看到的另一个难以捉摸的行为

是，它们表现得像个随和、合作、快乐的孩子。成年人经常发现这些孩子很讨人喜欢、可爱、笑容灿烂、眼睛睁得大大的、渴望取悦他人。事实是，"骗子"负鼠把它们的可爱像面具一样戴着，试图不让我们看到他们真实的自己，他们认为自己是糟糕和令人讨厌的。

生活繁忙而艰难，你甚至可能为了不止一个孩子读这本书。当然，你只想假装你过于顺从的孩子很好，尤其是如果你有另外一个叛逆、有攻击性、在他的壁橱里撒尿的孩子。老实说，注意到并回应"骗子"负鼠的行为需要很大的勇气，因为忽视他们更容易。

骗子负鼠需要大量的许可才能有自己的意见。他们也需要听很多你注意到的他们的事情的叙述，有点儿像我们对待小宝宝的方式。只是要确保当你讲述你注意到的关于他们的事情时，你不会只关注你喜欢的事情。有时这种技巧被称为"体育解说"。例如：

成年人："你今晚晚餐想吃什么？"
孩　子："我无所谓，随便。你想吃什么？"
成年人："有时要确定我们想吃什么挺难的。想想看啊，当我们吃汉堡包时，你通常想要吃两个，但当我们吃烤奶酪时，你通常吃不完。我在想，这意味着相比烤奶酪，你更喜欢汉堡吗？"

或者：

成年人："你今晚晚餐想吃什么？"

孩　子：〔快速扫描厨房，寻找成年人希望得到的答案的线索，然后看到柜台上有一盒意大利面〕"意大利面！"
成年人："啊，你看到我还没有收起来的那盒意大利面了。我好奇，你是不是认为这是我的计划，因为它还在柜台上。今晚我可以做很多吃的。意大利面就是其中之一，或者我们可以吃玉米卷或汉堡。哦！当我说玉米卷是一种选择时，我注意到你的眼睛有点儿亮了。我们来做玉米卷吧。"

又或者：

剪头发的人："我们今天要怎么打理你的头发？"
孩　子：〔看向大人征求意见〕
成年人："好问题！这是一本不同发型和发色的书。让我们一起看看。"

当你们一起看这本书时，你要密切关注你的孩子。注意他看某些图片时停留的时间是否稍长一些，或者在看不同图片时他的眼睛或嘴巴的微妙变化。

成年人："你看这个孩子发型的照片时间长一些。这次你想试试这个发型吗？"

一些"骗子"负鼠可能会很容易地重新连接到猫头鹰大脑，并说"是的，玉米卷听起来很棒"或"我能染紫色的头发吗？可以吗"。另外一些"骗子"负鼠会继续陷在他们的负鼠大脑里，他们会继续说"我不知道"或"随便"之类的话。或者他们继续耸耸肩,又或者你注意到他们还在尝试选择他们认为你会喜欢的东西。记住,"骗子"负鼠的行为来自孩子很年幼时大脑发育的一部分。有时候,非常年幼的孩子只是需要我们为他们做出选择。

成年人:"有时要确定我们想吃什么挺难的。想想看啊,当我们吃汉堡包时,你通常想要吃两个,但当我们吃烤奶酪时,你通常吃不完。我在想,这意味着相比烤奶酪,你更喜欢汉堡吗?"

孩　子:[耸耸肩]

成年人:"你不确定。好吧,我来告诉你。因为你似乎更喜欢汉堡,所以我们今晚吃汉堡。"

你可能猜错了。有时猜错是件大事,你可以稍后和孩子一起修复(我们将在第9章中了解修复)。你的孩子仍然有这样的经历:你对他们想要什么很好奇,你注意到了细微的行为差异,并为他们的偏好留出了空间。这些对"骗子"负鼠来说是重要的经历。

一个在大多数时候表现得像"骗子"负鼠的孩子需要帮助来了解自己的偏好和欲望。给这个孩子很大的空间,鼓励他有偏好、喜欢和不喜欢。他想留不同的发型吗?留吧!当他改变主意时,支持他。他想踢足球,但三周后他发现自己其实并不喜欢足球?允许他退出。这个孩子不需要学习如何坚持他不喜欢的东西。他需要学会相信他的身体告诉他喜欢或不喜欢某件事的信号,然后被允许去尊重这些信号。

现实生活中的例子

八岁的萨拉天生肌肉张力低,一生中大部分时间都在接受职业治疗和物理治疗。这些治疗帮助她的身体变得强壮,这样她就可以和朋友们一起跑步、跳跃并在操场上玩耍,但这些治疗让她既紧张又疲惫。当萨拉还是一个学龄前儿童时,她哭着抗议治疗。她的父母被告知,为了她的健康,必须参加这些治疗,所以萨拉被迫参与其中。回想起来,她的父母现在意识到,萨拉的一些治疗师是具有胁迫性和操纵性的。萨拉会因为听话而得到巧克力,当她"不听话"时,她最喜欢的活动会被取消。

萨拉每周都带着我所说的"爵士手"来办公室。我觉得她总是在给我上演一出表演。她会带着灿烂的笑容和尖细的嗓音跳进来,而且经常穿着漂漂亮亮的公主裙。很容易看出萨拉是如何通过打扮得超级可爱来应对生活中的压力的。这似乎让成年人降低了对她的期望,这反过来也降低了萨拉的压力。我还好奇,她的"爵士手"行为是否会让成年人关注她的外表,而不是她因肌肉张力低而引起的身体挣扎。在我们工作的整个过程中,我注意到与萨拉外表无关的部分。我运用了我的体育解说技巧来跟踪和评论她的所有行为,尽可能保持中立。"你在拿蜡笔。""你在挤剃须膏。""你在沙发上跳。"我希望萨拉体验到真实的她被看到的感觉,而不需要专注于取悦或得罪一个成年人。当萨拉打翻了一加仑⊖的胶水罐时,我并没有试图掩饰我的失望或沮丧。这真是一团糟,我想让萨拉知道,在我的办公室里,每个人都能表达自己的真实感受——我们不必戴着面具。我还向她保证,我不会被一种感觉困住,我可以对这种混乱感到

⊖ 1 加仑 = 3.79 升。

沮丧，但喜欢和她待在一起。

在一次咨询中，我挑战萨拉一起玩一个带有治疗效果变体的优诺（Uno）纸牌游戏，有几个额外的规则：

- 出反转牌＝玩家说他们喜欢做的一件事。
- 出 +2 牌＝玩家说一件他们不喜欢做的事。
- 出 +4 牌＝玩家回想一次他们对某人感到的愤怒。

我希望我们能玩一个有趣的游戏，利用玩耍和连接来拓展萨拉的容忍度，这样她就可以自信地谈论真实和诚实的感受。

然而，我几乎立刻注意到萨拉在脸上挂上了灿烂的笑容。她脸上的肌肉看起来很紧，好像微笑的肌肉后面有很多张力。她的眼睛一直往下看，只在很短的时间里，她会抬头看着我，点点头，灿烂地微笑，然后迅速移开视线。

我想也许游戏规则让她感到困惑，她对搞懂规则感到了压力。为了提供一些安全感和脚手架，我说："嘿，我有个主意。让我们制作一把钥匙，这样我们就可以很容易地记住规则了。"

我拿出一张纸，画了一个反转符号，旁边是笑脸，然后是 +2，旁边是悲伤的脸，然后是 +4，旁边是生气的脸。

当萨拉打出她的第一张反转牌，不得不说一些她喜欢做的事情时，她说"来治疗"，并对我咧嘴笑了笑。"我也喜欢和你在一起。"我说。但我开始觉得很确信，我和一只想说一些取悦我的话的"骗子"负鼠一起玩优诺纸牌游戏。

我打了一张 +2 的牌，说我真的不喜欢清空洗碗机。这是我最不喜欢的家务事。萨拉咧嘴笑了笑，点了点头。

再转几圈后，萨拉打出了一张 +4 的牌。她看着我说："没有什么事让我生气！我总是很开心！"

在我无声地感谢她的"骗子"负鼠如此努力地保护她之后，我说："你知道，让我们玩普通的优诺吧。为什么我们必须回答这些愚蠢的问题？我们就只是玩，然后玩得开心吧。"

我希望我早一点儿说出来，甚至可能在我们开始玩之前。我能感觉到她的压力，觉得她可能被规则搞晕了，所以我给她做了一把钥匙，让她更容易记住规则。我希望我能给她所需的脚手架和结构，让她的猫头鹰大脑感到安全。我想和她一起玩得开心，但我也有一个目标：我想让她用一些时间反思自己是谁。对于一个经常变为"骗子"负鼠的孩子来说，这是一个很好的治疗目标。不幸的是，萨拉压力太大，除了如何行动以保护自己的安全之外，她什么都无法思考。

我很难决定我们是否只玩常规的优诺纸牌而不进行治疗效果的变体。父母和保险公司都会问很多关于治疗中发生了什么的问题，这是很常见的。"我们玩了很长时间的优诺纸牌"通常不是很令人满意。我自己的"骗子"负鼠想取悦萨拉的父母和保险公司。我担心，如果我不做一些"看起来像治疗"的事情，萨拉的父母就不会再来了，或者保险公司可能会拒绝索赔。最终，我的猫头鹰大脑帮助我记住了我不需要取悦任何人。我的工作是为萨拉提供安全感，这样她最终可以安全地摘下面具。

几个月过去了，萨拉的表演变得越来越有攻击性。有时，她对我很刻薄。萨拉的面具后面有很多激烈而可怕的能量。萨拉有很多事情要生气，包括她在一个并不总是能满足她身体需求的世界里挣扎着，以及在多年的强制治疗中失去了身体自主权。有一段时间，萨拉在治疗之外的行为看起来像是越来越糟糕。在家里和学校里，萨拉开始有看门狗的行为：无礼、粗鲁和对抗。尽管这让萨拉的父母感到不舒服，但我帮助他们将其视为进步。莎拉正在尝试做自己，表现出尊重自己和真实感受的行为，即使这不讨人喜欢。

"关机"负鼠和"装死"负鼠

不安全！
- 开始完全崩溃
- 保护头部、胸部和胃部
- 开始为死亡做准备

不安全！
- 解离和脱离现实
- 相信很有可能会死

还记得在第 7 章中，你对我给"攻击"看门狗的推荐有点儿不满意吗？你可能会对我给"关机"负鼠和"装死"负鼠的推荐再次有这种感觉。

经常崩溃到"关机"或"装死"状态的儿童的神经系统非常失调，正在为严重的生命威胁做准备。这无疑让你感到困惑，因为孩子的生活中没有发生任何危及生命的事情。

如果你的孩子正在"关机"或"装死"，请复习给所有负鼠的五项干预措施和三件需要小心的事情。这种程度的神经系统失调需要很大的耐心，要给他们准备好可用的感官策略，或准备好给自己使用。有时，如果你正在用压力球处理焦躁不安，甚至只是轻轻地来回摆动，孩子的镜像神经元会接收你的调节动作。要继续提供连接的机会，同时不要过于侵入。追踪你自己的神经系统反应，专注于保持你的猫头鹰大脑的连接，因为你很容易在没有意识到的情况下加入孩子的调节障碍。例如：

孩　子：［闹钟响了又睡着了，不想起床上学］

成年人：［轻轻敲门，慢慢开门］"嘿，伙计，看起来你又按掉闹钟睡着了。给，我给你拿了一杯热巧克力。你慢慢地起床，再准备上学吧。"［把热巧克力放在带盖的旅行杯里递给孩子］"我几分钟后回来。"［离开，长时间吸气，再深呼一口气，用猫头鹰大脑记住孩子在关机状态里。说"慢慢来，不急"是有风险的，他们会注意到看门狗大脑出现了一些想法，比如"你就是允许他们懒惰，什么都不做"。随着又一次深呼吸，他们把这些想法标志为看门狗的想法，他们想起，看门狗从来不会帮助负鼠感到更安全。倒一杯咖啡，几分钟后走回孩子的房间］

孩　子：［还在床上，但坐起来了，拿着热巧克力］

成年人：［坐在床上，安静了一分钟，两人都喝着热饮］"我明白，上学很难。有时，我的意思是，甚至很多时候，我也不想去上班。法官说你应该去上学。你想探索其他你可以上学的方法吗？或者我们可以想想其他方法，跟法官谈谈吗？"

如果你的孩子经常对学校有"关机"或"装死"的反应，一定要研究如何帮助学校成为孩子更安全的环境。他们需要什么样的学业、社会或行为支持？大多数教师和管理人员都是爱孩子的、了不起的人，但不幸的是，我也遇到过不少人，他们创造了压力大、充满敌意甚至不安全的学校环境。一杯热可可不太可能解决孩子拒绝上学的问题，但如果你的孩子相信你跟他们是一个团队的，这可能会帮助他们至少从床上坐起来，和你一起思考下一步该做什么。

人们很容易认为上传统学校是不可协商的事。根据你自己的日程安排和可用资源，对你的家庭来说可能是这个情况，但也可能不是。许多学校提供非传统的上学选择，包括自行居家教学。自行居家教学有很多不同的形式，即使你是全职工作，或者对自行居家教学没有任何兴趣或天赋，也可以适用于你家。学校只是一个例子。看看围绕孩子"关机"和"装死"负鼠行为的压力源，是否有可能重新评估这些压力源是否真的是不可协商的？

要坚持不懈地为孩子和自己寻求帮助。在新冠疫情之前，处于危机中的家庭获得优质心理健康支持服务的情况很差，不幸的是，心理健康需求的增加和心理健康治疗师的减少使得获得帮助变得更加困难。我知道找到真正有帮助的心理健康服务很困难，本不应该如此，我很抱歉。但是，请继续努力。养育一个长期处于负鼠大脑状态的孩子有时会把我们拉到同样的负鼠通路。请对这种可能性保持警惕。

不要忽视自己也需要支持。寻找一位治疗师或一群照顾那些有严重而令人困扰行为的孩子的父母。互联网使人们更容易与世界各地面临类似困境的父母建立联系。优先为了自己找到所需的支持。

现实生活中的例子

我过去很害怕和10岁的维多利亚的咨询。

我知道这听起来很糟糕。什么样的治疗师害怕见到他们的来访者？幸运的是，我在职业生涯早期就知道，对我自己的真实反应进行审判，对我没有任何好处。我只需要注意到它们，对自己害怕来访者的糟糕感觉多一点儿怜悯，然后去好奇我为什么会感到害怕。

我爱孩子。一般来说，孩子的失调越多，我越喜欢他们。我因与行为最严重、最令人困扰的孩子一起工作而闻名，因为我喜欢与他们一起工作。

然而，维多利亚的行为是严重的反面，虽然有时，我肯定会感到困扰。维多利亚什么也没做。她会恍惚地走进我的办公室。她从不向我问候，也几乎从未进行过眼神交流。她会瘫倒在沙发上，好像要融入其中一样。

然后她就坐在那里。她盯着我看，很少说话。

在我写这段时，我狠狠地吸了一口气，用力快速地摇了摇头，就像一只狗在抖它背上的水一样。只要一想到维多利亚，负鼠的能量就会进入我的身体。我自己的负鼠大脑行为之一是，我用力快速地摇头，几乎就像在甩掉大脑中的蛛网和模糊感。

在每次与维多利亚见面之前，我都会提醒自己，建立连接是生物学上的当务之急。和一个完全没有"尝试"连接的人在一起真是太痛苦了。维多利亚从未发起过连接，也从未接过我发出的连接邀请。当我把连接想象成一个实际的球时，我会轻轻地把这个球向维多利亚扔过去，通常感觉球会从她的头上飘过。她甚至不会注意到它，更不用说抓住它扔回去了。

我最喜欢的一首诗（见本章末尾）提醒我，有时人们只需要我们和他们一起等待，而不期望他们会改变。所以我不再向她"扔球"、尝试与她连接或做其他任何事。

我和维多利亚一起等着。有时我只是和她坐在那里，非常努力地和她保持在当下，而不是在脑海中列出我的杂货清单。有时我会坐立不安，开始用食指弹一个气球。气球不时地离开我，飘向维多利亚。有时她会把它扔回来，但更多的时候它会掉在她的脚边。

有时我无法忍受这种沉默，我就会读一本书。我想保持在当下，不做出任何维多利亚可能认为是我要求她建立连接的行为。有一次，我在她到达之前，把所有的史莱姆制作用品都收了起来。有一天维多利亚对这个很感兴趣，那天我们做了史莱姆，但再也没有第二次。接下来的一周，她又回到了沙发上。

维多利亚和我进行了一年多痛苦而沉默的咨询会谈。有些日子里，我会坐进吊在天花板上的瑜伽吊床，试着调节自己。它足够低，我可以像坐秋千一样，坐在里面，双脚着地，来回摆动。一天下午，维多利亚僵尸般地走进我的办公室，她没有融化在我的沙发上，而是默默地爬上了吊床。她扭动着身体，直到吊床张开，然后她躺下了。吊床把她完全包住了。

嗯。现在怎么办？现在我甚至看不到她的眼睛，所以我真的不知道如何与她同频。

我站在维多利亚旁边的吊床上，双手环抱着吊床的边缘，慢慢地开始来回摇动吊床。

几分钟后，我改变了动作，把吊床前后摇动。

大约过了一分钟，我问维多利亚她更喜欢哪一个——前后还是左右?

没有回答。所以我一边说"像这样吗",一边前后摇动她,或者一边说"就像这样吗",然后左右摇动。

"就像这样。"她说。

我等了一年。等待,有时有耐心,有时没耐心。有时有确定感,有时没有确定感。

但我等。

在接下来的几个月里,维多利亚每周都会来,并立即去吊床。有时她会摇,有时她会尝试其他动作。维多利亚独自探索吊床几周后,我问她是否希望我教她如何倒立。她说"是的",从那一周开始,她要求我每节课都教她新姿势。最后,我拿出吊床姿势的活页夹,她会翻着看,选择她下一步想学的姿势。

维多利亚躺在吊床的布料里,吊床支撑着她的身体和感官系统,为她提供了探索自己身体和偏好所需要的安全感和结构。缓慢地,极其缓慢地,维多利亚和我创造了足够的安全感,她冒着风险来感觉自己的身体、发现自己的偏好,甚至与我建立了一定的连接。

喝一杯饮料、吃一点儿零食或移动你的身体

现在你已经到了本章的结尾,你是否感到能量有点低?

我是。我的大脑感觉有点模糊,我几乎可以打个盹了。负鼠的能量具有传染性,即使我们只是在思考负鼠大脑!

在继续读下一章之前,暂停。去喝一杯饮料或吃一点儿零

食，伸展、移动你的身体。连接你的身体，邀请你的猫头鹰大脑回来。提醒自己你是安全的。我刚打开窗户，可以闻到刚割下的草的味道，我想我会去拿邮件。也许我会在走下车道时迈着大步，回来的路上则蹦蹦跳跳。

在你重新连接到自己的猫头鹰大脑后，我们再继续读第 9 章，在那里我们将探索当你的孩子的猫头鹰大脑返回时你应该做什么。

> 一起迷路
> 尼哈尔·夏尔马（*Nihar Sharma*[3]）
>
> 如果我迷路了，找到我
> 但先不要叫我回来
> 和我一起坐在
> 这个失落的地方
> 也许你会明白
> 为什么我经常来这里
> 是什么
> 把我吸引到了我的梦幻岛
> 找到我
> 但只在我准备好的时候
> 再把我带回来
> 也许你会更好地了解我
> 也许我们可以一起
> 迷路

第 9 章

猫头鹰大脑返回时该怎么办

"但后果是什么?"

对你来说这是漫长的一周。我的意思是,养育神经系统脆弱的孩子,这是一个漫长的、多年的过程!又是一周,我们为萨米和摩根提供了连接、协同调节和安全感的提示,现在我们已经意识到了他们的神经系统所承受的压力。

这并不是为胆小鬼准备的育儿方式。这是一种脚踏实地、始终"在线"、积极投入的育儿方式。

而且你做得很了不起。

我知道你感觉不是这样,但你确实如此。你一直出现。你在我的办公室出现,你为萨米和摩根出现,最重要的是,你不断地为自己出现。萨米的行为变得不那么激烈了。你通过一个新的视角看到了她,并注意到她的失调降低一点儿了。你为你的学龄儿童携带各种松脆零食和饮料,就像父母为婴幼儿携带尿片一样。

"我的意思是,"你继续说道,"我完全理解在那一刻给她协同调节的需要。我几乎可以看到一只看不见的猫头鹰从她的头上蹦出来,吓得飞走了。但最终她的猫头鹰大脑确实回来了——大约——然后呢?我们什么都不做?像什么都没发生一样继续下去?那她怎么能学会后果呢?"

我喜欢这些问题!

好吧,我现在很喜欢这些问题。这些问题曾经有点儿让我自己的看门狗难受。我记得"难道不应该让他们学习承担后果吗"这个问题是如何在我的胸中激起一瞬间的愤懑的。我脑子里有一个声音,带着比我能自豪地承认的更多的愤怒,问:"你没听到我说的话吗?"

最终,我了解到,这个关于后果的问题几乎总是来自自己陷入保护模式的父母。这个问题是因为担心,如果我们不让他们学习承担后果,我们的孩子永远不会有正确的行为。

当我们感到压力时,我们会回到我们熟悉的旧神经通路,就像那些认为人们表现得"好",只是为了避免让他们感到不好的惩罚的人。去考虑可能还有别的真相,就已经真的很勇敢了。

"问得好。你能给我举个例子,让我们谈谈现实生活中的情况吗?"

"一样的事情一次又一次地发生。萨米一发脾气,不可避免地就会有什么东西被破坏或者有什么人受伤。要么她真的很刻薄,要么就是打了人,要么就是搞坏或砸了什么东西。是的!我完全同意你!我可以看出她失调了,而且需要帮助,但然后呢?"

我提醒自己,那次萨米在操场上把一个孩子推倒,然后倒掉家里所有的洗发水,你没有问后果。我知道,当你的猫头鹰大脑主导时,你和我连接在一起时,后果或惩罚之类的事情似乎根本不会进入你的脑海。

我关注这一点。我想邀请你的猫头鹰大脑回来,而不是说服你我是对的,萨米不需要后果。这通常只是惩罚的暗语。

"好吧,太好了,我明白了。我们花了很多时间琢磨该如何在当下帮助萨米,但,是的!之后我们该怎么办?我知道已经过去几周了,但我们能回顾一下萨米在公园里打那个孩子的时候吗?"你点点头,我又伸手去拿活页夹。

"你在萨米身上看到了什么东西,告诉你她的猫头鹰大脑回来了?"

"嗯……"当你回忆萨米的猫头鹰大脑的特征时,你的眼球会向上翻着移动。"我不知道,只是感觉她很不一样。就像她经常携带着的、看门狗大脑中嗡嗡作响的不舒服的能量一下子消失了一样。感觉她轻松了一点儿,不那么紧张了一点儿……"当你在思考其他可以描述萨米的猫头鹰大脑的词汇时,你的话渐渐停下来,"我不知道,她只是又变得可以讲道理了。"

"当然，这是合理的，因为猫头鹰大脑是处于连接模式的大脑，它更合理、更合作、更不紧张。"我们的眼睛一起从我的活页夹中扫描猫头鹰大脑的特征。"所以她在公园里打了那个女孩的周末——她的猫头鹰大脑什么时候回来的？"

"嗯……嗯，我想一开始，我以为是我们一到家的时候。她离开公园时没有制造太多麻烦，那是一个好兆头。但事实上，我们一回到家，她仍然很失调……只是稍微不那么厉害了。"

"是的，我也记得这个。她在剩下的整个周末都控制欲很强且脾气暴躁得令人讨厌。我想，我记得我们决定在未来尝试一些感官游戏，就像浴缸里的剃须膏？"你点点头。感觉你和我是同步的，所以我决定做一点儿教学，而不仅仅是专注于同频。

"让我们假设，你当时想到了这个主意。假设你把萨米和一些剃须膏一起放在浴缸里，这将帮助她的猫头鹰大脑回来。"我在活页夹里向前翻到标有"当猫头鹰回来时"那一页。

"猫头鹰大脑返回后的第一步是进行修复。有时，当我们的孩子进入他们的看门狗大脑或负鼠大脑时，我们也会去！我们以我们后悔的方式养育他们。有时，甚至是我们首先进入了我们的看门狗大脑或负鼠大脑。所以，修复听起来可能有点儿像'嘿，萨米，今天我的看门狗大脑接管了一会儿，我没能使用我的猫头鹰大脑看到你真的需要帮助来清理你的卧室。我想我们俩的看门狗大脑都在主导了！我会继续努力帮助我的猫头鹰大脑成长得更大更强，这样即使在你的看门狗大脑占主导时，它也能保持更多的控制权。'

"使用看门狗和猫头鹰大脑语言真的很重要。对于你们俩来说，修复关系的过程是很脆弱的，因此以随意的方式提供修复的建议可能是一个好主意。例如当她坐在厨房柜台前等着吃零食时，你提供修复的建议，这样你们并不需要在沟通的同时进行眼神交流。这样，她甚至可以假装她并没有真的在听。"

"好吧，是的，这很有道理。我很高兴你添加了最后一部分，因为我在想，萨米绝对不会让我和她坐下来进行一场严肃的对话。她肯定会让我闭嘴，或者无视我，或者走开。"

"是的，就像我说的！修复很脆弱！所以有时看门狗大脑会马上出来。想办法减少这种脆弱性——就像我说的，不要求眼神交流，以随意的方式对话，当然也要保持低期望。萨米可能不会笑着说'哦，妈妈，非常感谢你提供这种修复建议。我非常感激。'"

你笑着白了我一眼，我认为你是在对我的话表示认同。

回到我手上那本活页夹，我发现"修复"一词下面写着"让成功成为必然"。"下一步是让你考虑一下萨米需要什么——或者将来需要什么——才将使她的成功成为必然。我的意思是——她需要什么，才能在公园里和其他孩子一起玩而不打他们？她需要什么才能让她的猫头鹰大脑保持主导，或者更好地借用你的猫头鹰大脑？你认为你能做些什么来帮助她的猫头鹰大脑在捉迷藏的过程中保持主导吗？"

"好吧，她需要躲得更快。也许我本来可以帮她躲起来？"你似乎持怀疑态度。

"是的，这是一种选择。当捉人者开始倒计时时，你本可以站起来帮助萨米找到一个好的藏起来的地方。这种额外的协同调节可能会奏效——或者她可能会冲你大喊大叫，让你别管她，因为她可以自己来。"

你哼了一声轻笑。"是的，可能性可能更大。"

"每当增加协同调节很困难的时候，我都会想办法减少连接和协同调节之间的时间。你们在操场上待了多久？我想知道她是否需要更多的内置休息时间？比方说你给她设置一个计时器，每10分钟她就会来到你坐在长椅上的地方喝口水，补充水分，与你建立连接，从在操场上剧烈玩耍时心跳加速的状态中休息一下。所有这些都会是猫头鹰大脑协同调节的助推器。这可能有助于她的猫头鹰大脑停留更长的时间，这样她就可以更容易地找到躲藏的地方？

"那些没有同龄人那么多调节能力的孩子，几乎总是需要与一个受调节、有连接、在场的成年人距离更近一点儿。如果萨米还是个学步儿，你会在操场上跟跄地走在她身后，离她永远不会超过几英寸[一]。这种方法对你九岁的孩子来说不是很实用，甚至可能会给关系带来更

[一] 1英寸 = 2.54 厘米。

大的压力,而不是更小。还有一种减少距离的方法,是增加连接和协同调节的频率,尤其是在压力很大的情况下。"

"是的,我绝对可以帮她多休息几次。"

"太棒了。在你开车去公园的路上,只用让她知道你会设置计时器,而且她可以每 10 分钟过来喝口水,帮助她的身体保持活力,这样她就可以在操场上尽情玩耍。如果你在那里待时间长点儿,也可以吃零食。带上她喜欢的饮料和零食,让你更轻松。现在不是希望她喜欢上你买的新油炸蔬菜片的时候。"

"好吧,但是,还是那个问题,后果呢?她打了一个女孩,然后她把洗发水都倒掉了。"你的声音中有一丝不耐烦,因为我们花了太长时间才回到你原来的问题。这可能会让你觉得有点儿没被看到,或者担心我们今天的咨询时间结束时,你依然没有找到你想要的答案。这可能会让你失去每周来咨询的所有希望。失去希望真的很可怕。

"是的,让我们多谈谈后果。你想要后果做什么?比如,后果有什么意义?"

"为了防止她以后再这样做。"哼。

"好吧,给我举个后果的例子。"我想确保我们对后果的定义相同。

"比方说那天晚上不能看电视?第二天不能在外面玩?"你用期待的目光盯着我。

"好吧,当然,如果你认为电视导致了她的看门狗大脑过度活跃，或者她的看门狗大脑第二天仍然太活跃，无法正常活动，这些都是有道理的。这些都是我们帮助成功成为必然的方法。"

"但如果她没有失去她喜欢的东西，她怎么会学会以后不再这样做呢？"

我对我们谈话的走向感到非常好奇，因为我知道你知道那个答案。

"萨米不确定是否可以在操场上打人吗？或者说真的，我猜想，她对于在哪些地方能否打人这一点不确定吗？"我冒了一点儿风险，希望你的猫头鹰大脑仍然比较近，我开玩笑的语气、轻柔的微笑和好奇的问题会邀请你的猫头鹰大脑回来，而不是让你的看门狗大脑更加失调。我认为这是一个值得冒的风险，因为我知道我们的关系此时已经足够牢固，如果我造成关系破裂，我们可以修复它。

你像以往一样，小小地用力呼气，微微一笑——这几乎是一种小小的笑声。"好吧，你是对的。萨米绝对明白。她知道自己不应该打人。我不需要教她这些。"

"所以这并不是关于她是否知道，对吧？如果不是关于这个，那是关于什么？"

你假笑着，微微摇头，带着轻轻嘲弄的语气："调节。连接。感觉安全性。是的，是的，嗯。"我们的眼神交会，我们之间有一种同志情谊。我们在同一个团队。

为胜利而玩耍。我们又回到了猫头鹰大脑里。

"好吧，在今天的咨询结束之前，我们再快速回顾一下，"我说，"你教了萨米多少关于她的猫头鹰大脑和看门狗大脑的知识？"萨米对她的看门狗大脑了解得越多，她对自己的行为就越不会感到羞耻。如果萨米知道让她陷入困境的行为来自过度活跃的看门狗大脑，而不仅仅因为她是个坏孩子，她将能够更快地安抚她的看门狗大脑，她的猫头鹰大脑将更长时间地主导。

"我们谈论了一些关于看门狗大脑的事，但是，我们可以做更多。"

"打印出大脑的图片——那张有看门狗和猫头鹰的图片——把它贴在冰箱上。本周，你唯一的目标是看看你能在多大程度上与萨米一起使用看门狗、猫头鹰和负鼠大脑语言。谈谈你自己的看门狗大脑，谈谈你在杂货店看到的人或电视上角色的看门狗大脑。我们希望萨米开始像你一样看待人的行为，它们仅仅是关于某人的猫头鹰、看门狗或负鼠大脑有多活跃的信息。我们还希望她知道，她不是唯一一个有看门狗大脑的人。每个人都有一个看门狗大脑！每个人有时都会与过度活跃的看门狗大脑做斗争，即使是你。"

"好吧，那不就是事实嘛。"你拿起钥匙，我们的眼神最后一次相交。我看着你吸一口气，再呼气。"谢谢。"

看到这个情境让我松了一口气。和一个不放弃的人在一起真让人宽慰。一个真正看到你行为真相的人：你的看门狗大脑！和一个有耐心邀请并等待你的猫头鹰大脑回归的人在一起真让人宽慰。我越是和你一起重复这个过程，你就越能和萨米一起经历这个过程。

但是……不需要让他们承担后果吗

我问了我的第一位导师同样的问题。当时，我完全不知道如何处理有创伤史的孩子。我不知道是什么在驱动行为，也不知道如何帮助与我工作的家庭，他们的孩子正在创作美丽的艺术品——用喷漆，在他人的财产上。

这样的青少年已经在少年拘留所待过了，随着他18岁生日的临近，我们都担心他进成年监狱的威胁近在咫尺。

此外，我也才过我自己的18岁生日没多久。我与青少年相处的唯一经历是，你知道的，他们是我的朋友。

我的导师，那个向我介绍"失调"这个词的人，给了我各种各样值得思考的事情。我不记得他说过的具体的话，但我记得我看着他说："是的，这一切都很有道理。很酷。但是——不需要让他们承担后果吗？"

他笑了。

"我敢肯定，这与需要承担后果无关。"

后果之所以如此吸引人，是因为它们让我们觉得自己在做些事情。后果让我们感觉在一个实际上几乎没有控制的情况下，我们有一定的控制权。如果我们相信行为主要在孩子的控制之下，并且如果对他们的行为施加恰当的后果，他们就会改变他们危险、可怕或有时只是烦人的行为，那么后果是完全合理的。

重新读一遍上一段，但这一次，让我们诚实地说出我们真正的意思。几乎每次当我们谈论后果时，我们真正的意思其实是惩罚。

惩罚之所以如此吸引人，是因为它们让我们觉得自己在做些事情。惩罚让我们感觉在一个实际上几乎没有控制的情况下，我们有一定的控制权。如果我们相信行为主要在孩子的控制之下，并且如果对他们行为施加恰当的惩罚，他们就会改变他们危险、可怕或有时只是烦人的行为，那么惩罚是完全合理的。

后果是什么

"后果"的定义简单来说，就只是接下来会发生的事情。如果我打开电灯开关，后果就是灯亮了。如果我在车已经亮了橙色的低油量警告灯后还坚持行驶了太多里程，后果可能就是我被困在路边，不得不步行去加油站加油。

在养育子女方面，我们称之为自然后果。

问题是，每当我们越过一个自然后果，自己创造一个后果时，它就不再是一个后果。这是一种惩罚。

惩罚的目的是让孩子们感觉不好，希望通过让他们感到不好，他们会想表现得好。当你把它定义成那样的时候，你很难看到它的道理。

当然，你想做点儿什么来阻止孩子做一些事情是有道理的，比如用尖石头在车上写下他们的名字，在门廊纱窗上钻孔，或者再次把他们的软胶玩具冲下厕所。真是一团糟！

当我们深陷困境时，我们的看门狗大脑会沿着那些经常使用的神经通路走下去，这些通路认为行为是一种选择，我们可以通过让孩子感觉不好来改变他们的行为。惩罚会激励他们不再在马桶里冲走软胶玩具，对吧？

嗯，也许吧。这个论点最大的缺陷是，学习到的信息被存储在猫头鹰大脑中。其中包括这样的知识：如果我做了一些不该做的事情，一些不愉快的事情就会发生在我身上。但我们孩子的行为挑战很少来自猫头鹰大脑，所以把这些信息存储在那里真的没有帮助。

而且，你是个好家长。这可能不是你读过的第一本育儿书。你关注育儿的社交媒体账号。你和你的朋友交流。如果一个后果（惩罚）将纠正你孩子的行为，那到现在，它不应该已经有效了吗？

软胶玩具跑到马桶下水道里，是因为你的孩子想把软胶玩具冲下马桶，而他们不应该冲软胶玩具的所有原因都存储在他们的猫头鹰大脑中。

猫头鹰大脑具有冲动控制能力，可以帮助我们不去做我们想做的事情。猫头鹰大脑会思索之后会发生什么（"马桶会堵塞，妈妈会被马桶水淋湿，我会有麻烦的"）。猫头鹰大脑不希望妈妈被马桶水淋湿，因为这太恶心了，猫头鹰大脑很在乎这一点。

如果我们想让孩子的神经系统能够让他在把软胶玩具冲下

马桶之前停下来，那么我们必须培养他的猫头鹰大脑。这样，他将通过匹配的行为保持更多的调节、连接和安全感。

"但后果如何？"这是一个来自两个情况之一的问题。有时，当人们不太相信那些有安全感、受调节、有连接的孩子就会表现良好时，他们会问这个问题。他们可能认为自己相信这一点，但他们也相信一些例外，比如"这完全有道理，只是有时我的孩子会故意做错些事。这与调节、连接或安全感无关。这与任性有关。所以这当然是他们需要后果（惩罚）的时候了"。

其他时候，"但不需要给他们一个后果吗"是我听到的一个来自父母自己的看门狗大脑或负鼠大脑的问题。

看门狗大脑会回到我们很久以前学到的东西。我们大多数人在童年时就知道，惩罚是让人们采取适当行动的唯一途径。受调节、有连接、有安全感的孩子会表现良好，这是一个非常新的概念。当我们在看门狗大脑或负鼠大脑中时，真的很难记住新的东西。坦率地说，看门狗或负鼠根本没有努力思考以记住新事物的余地。它更关心的是保持安全。

如果惩罚孩子把软胶玩具冲下马桶并不能解决问题，我们该怎么办？

我知道很有可能，在读这本书的你希望你最大的问题是在马桶里的软胶玩具。即使你的孩子在家里的行为更激烈、更危险，一旦猫头鹰大脑回来，所有这些概念仍然适用。

第一，修复

等等，什么？你的孩子做错事了，然后我跟你说，当他们（和你）回到他们（和你）的猫头鹰大脑时，你需要做的第一件事就是修复？

对，如果你的孩子做错了什么事，那么很可能你们的关系已经出现一处破裂。

当你的孩子打他的妹妹时，也许你一直待在你的猫头鹰大脑里（太棒了），但我们知道孩子这时并不由猫头鹰大脑主导。我们知道他的神经系统进入了保护模式。我们知道处于保护模式意味着感觉不安全。感觉不安全会让人感觉很糟糕。

当人们感觉不好时，我们会表示遗憾。这是一种重新连接并重新与他们同频的方式。

当我丈夫整天努力做漂亮美味的自制比萨（自制面团，自制酱汁，"自制"整个过程），然后狗把整个比萨偷吃了时，我对他的糟糕感受表示遗憾。

我甚至可能会说："啊，我真的太遗憾了。你忙了一整天，离得到成果就差一点点了。这太让人失望了。"

表示遗憾并不是同意这是我的错。这是让我的丈夫知道，我看到并理解他的痛苦。我无法让时光倒流。我当然不会做一个新比萨（而且我保证，你不想让我尝试）。但我可以在他的失望中与他连接起来，并表示遗憾。

处于保护模式的神经系统感觉很糟糕。

对于一个刚打了他妹妹的孩子所进行的修复可能听起来是这样的:"啊,你的看门狗大脑真的接管了,然后你打了你妹妹。让我们的看门狗大脑接管感觉很糟糕。我很遗憾发生了这种事。"

有时,当我的孩子被他的看门狗大脑或负鼠大脑接管时,我也会被自己的看门狗大脑或负鼠大脑接管!有时,我甚至是那个先被看门狗大脑或负鼠大脑接管的人。

我的看门狗大脑会让我脾气暴躁、急躁和易怒。我没有耐心,很容易不知所措。如果我在这些看门狗时刻对我的儿子说了一些粗鲁或不友善的话,我有责任稍后负责修复。

"我真的很抱歉,我的看门狗大脑接管了我,然后我说了那些话。我从来都不应该这样和你说话。当我易怒时,我努力让我的猫头鹰大脑负责更多,这样我就不会说那些实际上我不想说的话,伤害你的感情。"

我的工作是对自己的所作所为负责。重要的是要说明白,我做的是不对的,更重要的是不要找任何借口。一个同频的修复还包括极其坚定地致力于做任何我需要做的工作,以避免将来失去理智。既然我是人,将来我就可能会再次对我的孩子发火,但我非常努力地培养我的猫头鹰大脑,所以这种情况不会经常发生。

与我们的孩子开始修复关系有几个重要的作用。修复帮助我们的孩子感觉被看见。修复告诉我们的孩子,我们的关系足够重要,可以通过脆弱的感受来调节,因为修复是脆弱的!修复教会我们的孩子，关系并不完美，它们是可以修复的。

所有这些东西都帮助猫头鹰大脑成长，这正是你和你的孩子所需要的，这样不良行为在未来发生的频率就会降低。

"很抱歉，我说你的软胶玩具是愚蠢的浪费钱的东西。我知道你喜欢软胶玩具，我这么说，可能会让你感觉很糟糕。之前我完全由我的看门狗大脑在接管了。我会继续锻炼我的猫头鹰大脑，这样即使我很烦躁，我的看门狗大脑也不会接管，去说些刻薄的话。"

当修复让人感觉太难时

开启修复可能会让人感觉太脆弱，也许现在你感觉，你永远无法向孩子道歉。

请记住，这是"不羞耻，不责备"的育儿方式。如果你正在挣扎着进行一次脆弱且有连接的修复，这只意味着你的猫头鹰大脑需要一些帮助来调节不舒服的感觉。

也许你需要给自己一些脚手架式协调。你能给你的孩子发一条短信吗，这样脆弱就不会那么严重了。

也许你需要更多的协同调节。当你走进孩子的房间进行修复时，你的伴侣能和你一起去吗？你能给你最好的朋友发短信，请求鼓励的话，然后在你走进孩子的房间进行修复时，在脑海中重复这些话吗？

如果你在挣扎，提醒自己，你需要的正是你的孩子们在挣扎时所需要的：更多的调节、连接和安全感。

当你的孩子拒绝接受你的道歉时该怎么办？或者把你的道歉曲解为："看！你是有史以来最糟糕的妈妈！"，你又该怎么办？

修复是一种馈赠。一旦我们给出这个馈赠，我们就无法控制这个馈赠如何被接受。

当你提出修复，而你的孩子不接受它，并说了一些伤人的话作为回应时，这是非常痛苦的。

你完全有权利为此感到悲伤。

第二，让成功成为必然

在每个人（好吧，至少是你）的猫头鹰大脑重新掌权后，问问自己："我的孩子需要什么，才能让他们的成功成为必然？""我的孩子需要什么，这样他们就再也不会把软胶玩具冲下马桶了？"

也许你的孩子所需要的只是看到所发生的伤害。他们不知道水会溢出马桶！

也许你的孩子完全知道会发生什么，然后还是把软胶玩具冲下马桶了。也许他们只是无法调节想看到软胶玩具顺着马桶里的漩涡冲下去的欲望。也许他们因为生你的气而把软胶玩具冲下马桶。

也许让你的孩子不再把软胶玩具冲下马桶的方式就是，不再给他软胶玩具。

等等，这太让人困惑了！我刚说过孩子们不会从后果或惩罚中学习。

不给软胶玩具本身不是惩罚，除非你将其当作惩罚来实施。不给软胶玩具就是移除诱惑。不给软胶玩具是给你的九岁孩子做的学步儿防护。不给软胶玩具是一种尊重的方式，承认他们的猫头鹰大脑不够强大，无法抗拒看着软胶玩具在马桶里翻滚下沉的乐趣，即使最终可能导致浴室被水淹。

如果他们因为生气而把软胶玩具冲到马桶里，那么你已经学习到，他们的愤怒情绪比他们当时与你的连接要强烈得多。回到第5章和第6章，帮助你培养孩子的安全感和连接感。直到他们的猫头鹰大脑能够容忍生气的感觉，并可以用不破坏你的下水道的方式表达出来，不再用软胶玩具。

现在，如果你的孩子只是选择把其他东西冲到马桶里呢？

如果情况变得极端，你的孩子把所有东西都冲下马桶，你可能需要考虑采取更多措施来实现我所说的环境协同调节，也就是所谓的"学步儿防护"。

我不建议采取这些措施，除非其他措施完全无效，但你可以调整你的马桶，让它不会冲水。孩子离开卫生间后，你可以进去冲马桶。你可以在孩子每次进入浴室时对他们进行快速检查，确保他们没有带任何有害的东西想去冲到马桶里，而且移除浴室中所有可能被冲下去的东西。如果绝对必要的话，你甚至可以在孩子每次上厕所时，只给他适量的卫生纸。

为孩子的成功做这种程度的准备是相当极端的。如果你已经到了这个阶段，请确保你真正强调了第 5 章和第 6 章中的理念。同时，考虑你的孩子是否需要额外的评估和支持，包括神经心理评估和认知评估。

你可能有一个孩子，他的"危险－危险"回路与他的连接回路纠缠在一起，以至于这些类型的行为与远离连接的努力密切相连。这是一个令人精疲力竭、沮丧的情形。一定要寻求你需要的支持，无论是来自治疗师、同伴社区，还是像俱乐部这样的虚拟社区。当我们的孩子在他们的连接和保护回路之间有这种程度的纠缠时，我们更有可能生活在我们的看门狗大脑中，并以看门狗期望的方式对我们的孩子做出反应（我们自己的失调），而不是孩子所希望的方式（有调节和边界）。

我这里的观点是，与其考虑实施一个惩罚，不如去考虑你的孩子需要什么，这样才能确保他们的成功。就像拿走所有的软胶玩具。

是的，我知道这是同一个动作，但它是以不同的能量来传达的，有着不同的意图。一种方式向你的孩子传达的是："我知道你是一个了不起的孩子，只是还没有具备让你的了不起之处显现出来的条件。你需要帮助和支持，而我的工作就是提供给你这些帮助和支持。"另一种方式向你的孩子传达的是："我相信，唯一能让你停止做坏事的方式，就是我在你的生活中制造痛苦，因为在你的内心深处，你认为自己是一个做坏事的坏孩子。"

改变我们对人的看法会改变人。

发展新的支持和边界

如果可能的话，一起发展新的支持和边界。我知道，在你的孩子拥有更强的猫头鹰大脑之前，他们可能无法参与这场讨论。他们会感到太多的羞愧和/或他们的猫头鹰大脑还不够强大，无法回顾所发生的事情，一旦回顾，他们的看门狗大脑或负鼠大脑就会被激活。

即使你的孩子不能和你一起参与这个过程，在你花很多时间思考这个问题之前，要确保你自己的猫头鹰大脑已经回来了。否则，你只会想到惩罚。这很正常。你没有做错什么！只要再等一段时间，你的猫头鹰大脑就会回来。

你可以将这种解决问题的方法应用于任何挑战性情境。你的孩子可能需要：

- 你在下校车的过渡过程中以脚手架式协调提供支持，比如你在校车门处接他们，以防他们失调。
- 基于身体的调节策略，比如给他们一杯冷饮或邀请他们跟你一起比赛，看谁先从公交站跑到家，以帮助他们与身体建立连接。
- 通过让他们在课堂上坐得离老师更近，减少他们与受调节的成年人之间的距离。
- 建立更好的结构和边界，比如给出明确指示，当他们在超市下车时，应该站在白色停车线上。

- 加强了协同调节，比如你和他们一起上课。
- 消除压力，比如取消上课，带他们去公园。
- 基于身体的调节策略，比如给孩子唱他们本来要在课上唱的、但错过的有节奏的歌。

真的，真实地问问自己：在这种情况下，我需要改变什么，才能确保孩子的成功成为必然？你可能无法实施你想出来的主意。但即使你做不到，提出问题并思考答案，也有助于集中注意力为真正的问题找解决方案：你的孩子需要更多的调节、连接和安全感，这将帮助他们获得他们所缺少的技能。

不要期待感恩

如果你的孩子没有帮你想出新的边界和支持方案，那么最终你将不得不与孩子沟通这些界限和支持是什么。

你会为自己感到骄傲的！你是一个摇滚明星家长，不会惩罚孩子，而是对孩子的成功需要什么进行了深思熟虑。你越来越善于使用 X 光护目镜，并将孩子的行为视为他们内心世界发生了什么的线索。

你的孩子可能不会那么印象深刻。

事实上，他们可能有看门狗大脑或负鼠大脑的反应。这是意料之中的事，尽管令人疲惫，但也没什么大不了的，因为你现在知道如何与孩子大脑的这些部分连接并使其平静下来。

实际上，这是一件大事，我知道这一点。你累了。以这种方式为人父母是令人疲惫、孤独和沮丧的。这需要信念的巨大提升。这样行得通吗？你必须相信一些你看不到的东西：大脑对连接、调节和安全感的需求。大胆和冒险地信任，有时会觉得非常非常错误。

这是一项艰苦的工作，如果你的孩子能看到你为真正加入他们的团队而付出的努力，那就太好了。每个人都需要被看到，包括你。不幸的是，做看到你的人不是你孩子的责任。努力与看到你的人建立连接。我希望本书能帮助你真正感受到被看到的感觉。

要知道：我看到你了。

第三，练习——玩耍！

游戏可以增强我们的复原力，增强我们的压力反应系统，并改善学习能力。它支持连接感、归属感和解决问题的技能。

我曾经是一名游戏治疗师，这让我每天都能看到游戏是如何让孩子以新的控制感和更强的调节重新审视压力体验。游戏可以减少羞耻感，增强胜任感。游戏有助于孩子培养信念，比如"我是一个非常棒的孩子，虽然有时会做一些不该做的事情"。

游戏可以帮助猫头鹰大脑成长！

玩耍是提高孩子的调节能力、沟通能力和总体安全感的好方法，在看门狗大脑或负鼠大脑平静下来、猫头鹰大脑回来后的这些时刻，我们也可以利用玩耍的力量。

我儿子小的时候，我们会以游戏的方式玩"错误的方式"，然后以"正确的方式"来处理下一次的情况。

开玩笑地先做"错误"的事。

我："到时间该刷牙和准备上床啦！"
他："不！"［然后继续沿着客厅逃跑］
我：［坚定地］"现在就过来，年轻人！你逃不掉的。现在刷牙，然后把你的战利品放在床上。"
他：［躲在毯子里什么也不说］

玩得开心一点！可以傻傻的。不要担心这会教你的孩子不认真对待这些情况。这种玩耍在孩子的神经系统和你们的关系中创造了足够的安全感，从而能够诚实地重新审视这个问题。

警告！暂停一下，确保你对"做对"的期望是恰当的。孩子可以感受并表达他们对不得不做他们不想做的事情的失望或不耐烦的真实感受。我的观点是，当你开玩笑地练习以"正确的方式"做某事时，不应该是这样的：

我："到时间该刷牙和准备上床啦！"
他："是的，妈妈！！！我马上就去！我爱你！"

这永远不会发生，如果我们要求它发生，我们就是在教育我们的孩子，应该不惜一切代价避免负面情绪。这不会帮助猫头鹰大脑成长。

以"正确的方式"做事更可能看起来像这样：

我："到时间该刷牙和准备上床啦！"
他："我不想睡觉！"
我："我知道。结束有趣的一天，准备睡觉真是太糟糕了。"[同频和确认]"现在是晚上8点，这是我们每天开始刷牙的时候。"[依赖于结构]
他：[哼唧]"我现在在玩汽车呢！"
我："玩汽车太有趣了！你可以把小汽车留在原地，这样你早上第一件事就是可以再玩一次。"[帮助猫头鹰大脑看到游戏时刻很快就会再次发生]"我想知道从这里到浴室要走多少大步？让我们数数！"[提供清晰的结构和边界，利用游戏，并停留在猫头鹰大脑中]

看到我和我的孩子是如何以一种新的方式玩耍了吗？采取不同方式做事的责任从来都不仅仅是他一个人的。连接和关系总是一条双向的道路。

随着他长大，我们玩角色扮演的游戏越来越少。一直扮演的一个角色是翻白眼。

相反，我们会重新审视这种情况，并在做一些其他有趣的事时，比如掰手腕时，谈论下次如何以不同的方式处理。或者我可能会问他，在同样的情况下，他会告诉他的朋友如何以不同的方式行动。当我的儿子还是个青少年时，他有一个好朋友，可以轻松地提醒他，他表现得像个傻瓜。所以，我可能会问他，"约翰尼会告诉你有什么不同的做法？"

无法强迫游戏

当你们两人都处于神经系统的玩耍状态时，这些对话和游戏练习就会发生。你绝对不能强迫孩子去玩游戏。玩耍是从处于连接模式的神经系统中产生的。出于显而易见的原因，如果你的孩子感到被胁迫或羞愧，或者只是不想参与，游戏就不会发生。

不想进行游戏练习是公平的，尊重我们孩子的边界是很重要的。如果他们能进行有趣的练习，那将是一场巨大的胜利，因为游戏是如此强大。如果他们不愿意，就继续前进。

第四，教你的孩子了解他们的大脑

你已经读完本书的 3/4 了。你的孩子现在知道了猫头鹰、看门狗和负鼠大脑吗？

如果没有，为什么不呢？！

这是否有助于你理解孩子的行为与他们的神经系统有关？想象一下聪明的猫头鹰、咆哮的看门狗，或者看起来茫然困惑的负鼠的形象，这有帮助吗？

它也会帮助你的孩子。

有很多理由教我们的孩子了解他们的大脑！了解大脑如下情况：

- 增加正念和自我关怀，这两者都能培养猫头鹰大脑，增加安全感和调节感。
- 教导孩子们,他们的行为不是受某些神秘系统的摆布。他们可以了解这个系统是什么,消除神秘感,并增强自己的控制力。这很好。
- 提高自我倡导技能,使你的孩子最终能够在离家后满足自己的需求。

如果你的孩子比较小,你可以给他们读一些关于大脑的绘本。你可以把猫头鹰、看门狗和负鼠大脑的图片打印出来并贴在冰箱上。这有助于家庭中的每个人记住,你的家庭价值观之一是将行为视为线索,并好奇于如何安抚看门狗大脑和负鼠大脑。

在日常生活中使用猫头鹰、看门狗大脑和负鼠的语言!谈谈你的看门狗大脑和负鼠大脑。当你谈论别人的行为时,使用猫头鹰、看门狗和负鼠的语言。谈论书籍、电影或电视上的人物时,使用猫头鹰、看门狗和负鼠的语言。

我最喜欢的绘本之一是《马尔温疯了!》(*Marvin Gets MAD!*),由约瑟夫·西奥博尔德(Joseph Theobald)所著。我过去常常给孩子们读这本书,然后停下来说这样的话:"哇,马尔温的看门狗大脑现在变得这么活跃了!它的看门狗大脑让它长出角和可怕的牙齿,告诉每个人不要接近它!"(你必须看那本书,才能看到马尔温的角和牙齿。它们很可爱。)那本书也讲了当马尔温的看门狗接管时其他人的经历。马尔温的朋友莫莉很害怕,做出了一些取悦人的行为,试图让马尔温冷静下来——它的"骗子负鼠"接管了一切!马尔温没有能力注意到它的看门狗大脑行为给别人带来了什么感受,但如果你在猫头鹰大脑负责的时候给孩子读这本书，也许他会注意到。

当你的家人第 765 次看《复仇者联盟》(*The Avengers*)时（也许只有我——我确实喜欢漫威电影），你可以谈论雷神托尔的看门狗大脑。像这样的电影也帮助我们不把看门狗大脑当作坏人。当外星人攻击时，看门狗大脑的反应是完美的！

如果你还没有开始，那今天就开始谈论猫头鹰、看门狗和负鼠大脑。你的家人可能会斜着眼睛看你，问你在说什么，但事实上，根据我的经验，这种语言非常有道理，以至于你的孩子甚至伴侣都会开始毫不犹豫地使用它。

他们会不会以此为借口

你会不会就听到你的孩子说："不是我的错，是我的看门狗大脑干的！"

是的。我也是。

以下是你必须记住的内容。找借口和不为某事承担责任并不是猫头鹰大脑的特征。

猫头鹰大脑是自我反省和富有怜悯心的。猫头鹰大脑可以忍受因为发展不好、破坏规则或伤害他人的事情承担责任的不舒服感受。

如果你的孩子开始制造借口，这只是旅程的一部分

如果你正在开车去迪士尼乐园游玩，中间在休息站停下来上厕所,你知道休息站并不是旅程的终点。如果你害怕休息站就是终点,你会非常努力地跳过它,好吧,我们都可以想象会怎样。尤其是如果迪士尼乐园距离你的家超过五个小时。

你愿意停在休息站,因为你知道这不是终点,你知道这是旅程中必要的一站。你只是在休息站停车休息,没什么大不了的。

如果你的孩子开始用看门狗大脑和负鼠大脑的语言作为他们行为的借口,你可以提醒自己,这就像在休息站停下来一样。这是旅程中必不可少的一部分,你不会被困在这里。

你将通过受调节、有连接和有安全感的养育方式,持续来帮助孩子的猫头鹰大脑成长。当猫头鹰大脑长得足够成熟时,你的孩子就会有调节地去反思他们的行为。猫头鹰大脑希望建立有连接的、合作的关系。我保证,例如:

孩　子:"我打我妹妹是因为我的看门狗大脑在主导。我没办法!这不是我的错。"
成年人:"我知道当时你的看门狗大脑在主导,肯定是这样的!你和我得继续一起努力让你的看门狗大脑平静下来,养育你的猫头鹰大脑,这样你的猫头鹰大脑就可以在不伤害任何人的情况下处理愤怒的感觉。哇,这是一项艰巨的工作,但我们能做到!"

养育你的猫头鹰大脑

也许到现在,你可以以不同的视角看待你的孩子的行为,而且也可以以不同的视角看自己的行为。我希望如此。我知道你读育儿书籍，访问育儿网站，听育儿播客。你努力以不同的方式回应孩子的行为，但天啊，这很难。这些书和播客确实给你的猫头鹰大脑提供了很多信息，但当你的孩子把软胶玩具冲下马桶时，威胁老师或故意伤害自己时，你很难留在猫头鹰大脑中。

也许你能理解，为什么仅仅知道问题甚至还没完成战斗的一半。仅仅是知道看门狗大脑和负鼠大脑，甚至拥有一个装满工具的大工具箱，这还远远不够。就像你的孩子一样，你可能知道很多事情，但仍然很难实际去做。

如果你想在面对你的孩子那些严重的、令人困扰的行为时，让你的猫头鹰大脑来掌控，我们必须照顾和滋养你的猫头鹰大脑。第三部分将向你展示如何做到这一点。

第三部分

为什么『知道』连成功的一半都算不上

Raising Kids with Big, Baffling Behaviors

第 10 章

为什么你知道如何回应却仍然不去做

外面的温度开始变低，秋天的阳光从窗户射进来，我把南瓜香料奶油放进办公室的冰箱。

"有时候，"你说，"感觉问题出在我身上，而不是萨米。"你像以往那样，在你说出最后一个词的时候，喝了一口咖啡，这个动作打破了我们的目光接触，我好奇这是否是你调节自己渡过脆弱的方式。

"哇。"我轻轻地说。我吸了一口气，靠在椅子上。当我把胳膊放在扶手上时，我有意地将我的身体向你展开，好像在扩张以容纳你的脆弱。"那是一种强烈的感觉。"我停顿了一下，故意放慢节奏，以这种较慢的负鼠能量与你相遇。

你再喝了一口咖啡，我也喝了一口。

"我昨天大喊大叫。很糟糕。我说了一些我永远不应该说的话。啊！我为什么这么做？我知道她为什么那么做！我知道对她大喊大叫就是错误的回应方式。但我还是那么做了！有时我觉得我就不是适合萨米的妈妈。"

我看到一点儿看门狗能量在你重新陷入绝望感之前站稳脚跟。我有一种冲动，想说："你是个很棒的妈妈！"然后听到我的猫头鹰大脑在窃窃私语："你为什么要夺走她的痛苦？这是恰当的痛苦。一起感受。"

我们一起闭上眼睛，我又慢慢地吸气和呼气。我微微点了点头——一个沉默的表达："我在这里，和你在一起。"

沉默片刻后，你轻声说："就像我说的，也许是我有问题。"

"养育有着脆弱神经系统的孩子是一件有趣的事情，"我慢慢地开始说，"有时候，发现我们自己的脆弱是令人震惊的。几乎每一位与我一起工作的父母都会在某个时候告诉我，他们甚至都不认识自己。"

你点点头。你的眼睛随着一丝潮气，开始变得朦胧。你又喝了一口咖啡。

"现在是这样。我们在一起工作了几个月。你对大脑和行为有了更多的了解。在我们相处的这段时间里，你的猫头鹰大脑非常努力。"我们的眼神交流持续着。"但然后，你的猫头鹰大脑飞走了。"你点头。"是的，当你的猫头鹰大脑飞走时，你的看门狗大脑就出来了。然后你大喊。"你又点了点头。"所以……我想我听到的是，尽管你已经来这里几个月了，但你依然是人。"

我看到一个小小的微笑，然后你呼了一口气。随着你扭动背部和肩膀，在沙发上寻找一个更舒适的位置时，你的眼神稍微放松了一些。你正在摆脱负鼠能量。

"好吧，是的，你是对的，"你同意，"如果别人住在我家，也许他们迟早也会抓狂。"

"嗯，那肯定。你知道，我们花了很多时间讨论加强萨米的猫头鹰大脑。但你的呢？"这有点儿像一个设问句，因为我知道答案。但我想知道你是否知道答案。

在我们合作的几个月里，我花了很多时间为你提供工具，通过加强调节、连接和安全感来管理萨米的行为。一路上，这正是你从我那里得到的：协同调节、连接和安全感。

你还了解了所有关于神经系统的知识，以及为什么有敏感压力反应系统的人会如此容易翻脸。我们一直在谈论萨米，但实际上，我们也在谈论你。只是不那么直接。在我与家长的工作中，总有一刻，他们意识到所有的行为科学和随之而来的怜悯心也适用于他们。

我继续说道："神经系统的能量是会传染的，对吧？如果两个人可以协同调节，我们也可以共同失调，这是很合理的。萨米带着一个过度活跃的看门狗大脑来到你的家庭，然后你的看门狗大脑也长大了。这就是发生了的事情。我想我记得我们第一次见面时，你同意我的观点，认为你身体里的能量和萨米的一样不可预测。"

"嗯，是的。"你的眼睛向上看，再看向另外一边，我知道这是你在思考的迹象。你再看向我,但什么也没说。

带着好奇而非审问的语气,我问道:"刚才发生了什么?你怎么了?"

"我只是在想……我想我不再觉得那么糟糕了。我们刚开始的时候我感觉真的很糟糕。而且你是对的。你画了那条锯齿状的线,是的,那正是我,也正是萨米。我想现在我们都有点儿……不那么像锯齿了?"

"哦,当然。萨米肯定是,你也一定是,否则你甚至不会问这些问题。"

我原以为你会感到放心,但你似乎更烦躁了:"那我为什么还对她发火?我应该知道的啊!"

我抓起我的白板,画了两条非常靠近的平行线(见图10-1)。"当你第一次来到这里时,你承受压力的窗口非常小。就像这样。"

图 10-1

我指着两条线之间的空隙,抬头看了看。你点点头。"几个月来,它变宽了一点儿。就像这样。"我画了另一组相距更远的平行线(见图10-2)。

图 10-2

"开始时，你的神经系统是这样的"——锯齿状的线条（见图 10-3）。

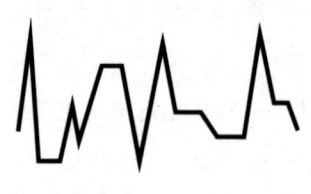

图 10-3

"现在正在演变成这样。"仍然有很多高潮和低谷，但线条的后半段更平顺了（见图 10-4）。

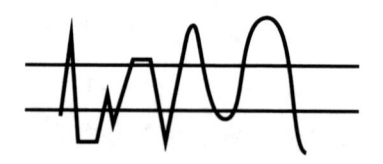

图 10-4

"两者都有延伸到压力承受窗口之外的地方。"你点头，"这就是所发生的一切。我们已经加宽了你的窗户，并让锯齿状的线条变得更平顺，但有时它仍然会产生巨大的波动，让你直接进入你的看门狗大脑。"

"那我们该怎么办呢？"你带着有时你眼中会出现的激光般的专注向我靠近。看门狗大脑总是想要一个立即的解决方案。

"我们做我们正在做的事情。你继续来咨询，我继续用我的猫头鹰大脑与你相遇。你得到了你需要的连接和协同调节，这样你就可以把它传递给萨米。你也能喝到好咖啡。"我举起杯子说,"干杯。"

"等等,"你说,一个会心的微笑掠过你的脸,"我来的时候总是喝咖啡。你总是建议我给萨米喝一杯饮料或吃点零食,来帮助她的看门狗大脑感到安全。"我咧嘴笑着耸耸肩。

"你喜欢那种新的南瓜香料奶油吗?"我问道。

你的猫头鹰大脑

我刚刚和娜特的谈话发生在与我工作的每个家庭中。看起来并不总是完全一样,但父母和照顾者最终会有一个"啊哈"的时刻,就在他们意识到我所教的关于他们孩子的一切也适用于他们时。

也许这在你阅读前面章节的时候就发生在你身上了。也许它现在正在发生!

你所学到的关于大脑和神经系统的一切不仅适用于你,而且所有的怜悯心也适用于你。

也许你问自己的问题和娜特问我的问题完全一样。如果你知道猫头鹰、看门狗和负鼠大脑的所有这些东西,为什么你不能完美地做好一切?

因为"知道"连成功的一半都算不上。就像萨米一样,她的猫头鹰大脑知道她不应该在玩捉迷藏时打其他孩子,也不应该把所有的洗发水都倒进下水道里,你可以知道很多事情,但仍然不去做它们。

为什么？好吧，简短的回答正是我告诉娜特的。你是人。

我做了很多我知道不该做的事情。有时这些是小事，比如我过长时间地占用了高速快捷通道开车，或者我没有立即洗装燕麦的碗。有时它们是更重要的事情，比如当我的青少年孩子开始与我沟通时，我没有放下手机，尽管我知道我应该非常感激他仍然保持的每一点联系。有时，它们甚至是更大的事情，比如我故意说一些我知道会伤害丈夫感情的话。

如果做正确的事情仅仅是基于知道什么是正确的行为，那么，我们将生活在一个奇怪的虚构幻想世界中。甚至很难想象那会是什么样子。

为了增加对为什么我们可能知道正确的事情却仍然不去做它这件事的理解，我想和你谈谈内隐记忆和心理模型。但让我们从你熟悉的开始：压力反应系统。

你的压力反应系统

就像萨米一样，你的压力反应系统的基础甚至在你出生之前就已经开始发展了。随着你的成长，你所经历的协同调节，加上你自己独特的基因和气质，滋养了（或没有滋养）你的压力反应系统。

在这里稍做停顿，然后开始好奇。你的压力反应系统是如何培养的？你能想象你有很多有安全感、被看到、被安抚和有保障的经历吗……或者没有？又或者，你可能有过与一个刻薄、软弱或消失的照顾者相处的经历。

现在让你的注意力集中在你自己的自主神经系统上。当你反思自己的压力反应系统时，你是否会有一种开放的感觉，甚至是一些自信或满足感？或者是收缩感？也许你会意识到一些焦虑或悲伤。

简单地关注你身体的感知觉是一种对自己同频的滋养行为。如果出现了不舒服的感觉和感受，尝试不进行任何评判，只是关注这些感觉。甚至也许可以向那些不舒服的感觉传递怜悯的信息。

信不信由你，你生命中最早的时刻会影响你为人父母的方式。当我们养育一个神经系统强健的孩子，他似乎不会被太多事情扰乱时，我们的压力反应系统就不会像养育一个具有脆弱神经系统的孩子那样受到挑战。如果你感觉在某个孩子到来之前，你一直是个相当不错的父母，了解自己的压力反应系统可能会帮助你理解为什么会出现这种情况。

为人父母的压力

为人父母压力很大。这对所有父母来说都是真实的，但对于养育特殊需求的孩子来说，这是一种无法用语言描述的压力。如果你正在养育一个神经系统处于"危险－危险"模式的孩子，那么你的神经感知会接收到很多显示危险的线索。你的孩子处于保护模式，这会邀请你的神经系统与他们一起进入保护模式。

而这仅仅是开始！孩子"卡住"的神经系统产生的行为会给你的生活带来很多挑战。也许你经常与学校或青少年拘留中心通电话，也许你不得不经常报警求助，也许你在奶奶去世时继承的玻璃碗被摔成了一百万块，或者因为你的孩子在通风口撒尿，你不得不为新的管道工程凑集数千美元。

无论你在任何特定时刻的特定压力是什么，它都会累积起来。几乎可以肯定的是，你没有得到保持压力反应系统有弹性所需的连接和协同调节。

普通人群中只有大约55%的人在小时候获得了培养有弹性的压力反应系统所需的体验，这意味着我们很多人都没有得到过这种体验，再加上养育一个神经系统脆弱的孩子导致的混乱，是的——你的猫头鹰大脑很容易飞走。

幸运的是，对慢性压力的研究表明，即使你在等待生活中的压力改变，你也可以做一些事情来照顾你的身体，加强你的压力反应系统。在第11章中，我将为你提供如何做到这一点的建议。

内隐记忆：被记住了的，不是被回忆起来的

上一次我骑自行车时，我跳上自行车，轻松地骑在路上，尽管我成年后可能只骑过10次自行车。我不必考虑如何骑自行车，我的身体就会记得怎么骑。

内隐记忆是我们在意识层面没有注意到或思考的所有记忆片段。想象一下，如果我们不得不认真思考如何完成日常任务，比如拿铅笔、从椅子上站起来和开车，生活会有多费劲。内隐记忆是记忆，但它的感觉不像是记忆。心理学家保罗·森德兰（Paul Sunderland）将这种感觉描述为"被记住了，但不是被回忆起来的。"[1]

内隐记忆通过帮助我们的身体和大脑有效地工作来支持我们的生存。如果我们每次做这些事情时都必须主动回忆如何拿起铅笔或从椅子上站起来，我们就没有资源去处理其他事情了。内隐记忆使我们能够思考要写下的地址同时拿起铅笔，思考汽车钥匙在哪里同时从椅子上站起来，在安全驾驶、不会撞车的同时导航到一个新的地址。

心理模型

内隐记忆通过帮助我们预测接下来会发生什么来进一步支持我们的生存。它依靠一种特殊的内隐记忆来实现这一点，这种记忆被称为心理模型。心理模型是基于我们独特且经常重复的经历对世界如何运作的概括。因为心理模型是内隐记忆，所以这些概括感觉不像记忆，它们感觉像是真实的事件。

让我们来看一个例子。我对狗的心理模型是建立在之前的与狗的积极体验之上的。虽然我们没有养狗，但当我是个孩子的时候，无论是在现实生活中，在我朋友家，还是在书籍、电视节目和电影中，我都有大量的与狗的积极体验。随着时间的推移，这些体验在我的记忆中结合到一起，形成了一个"狗是安全和有趣的"心理模型。

但是，如果我以前有过与一只危险的狗相处的经历呢？即使只是一次危险的经历也可能完全改变我的思维模式，因为大脑特别会被提示注意危险的事情。将危险纳入心理模型是一种保护，因为它可以帮助我避免未来的危险。如果我的思维模式是"狗是危险的，不可预测的"，我会对狗有不同的感受和行为。这个模型甚至会影响我期待和狗在一起的感受。

这种心理模型也会影响我对狗的行为的感知。我会更倾向于把狗的跑、跳和吠叫理解为攻击而不是玩耍。我认为"狗是危险和不可预测的"心理模型会让我的大脑进入保护模式，我会对一只顽皮的狗产生恐惧甚至攻击的反应。随着时间的推移，我对这只狗的行为的不准确理解实际上可能会导致这只狗变得好斗。狗，和人一样，经常变成我们以为它们的样子。

心理模型可以从实际经验中建立，也可以从观察照顾者的反应中建立。也许我妈妈直截了当地告诉我："狗很危险，不可预测，不要靠近它们。"但可能比这更微妙。也许当我们带着狗去拜访朋友时，我注意到她的肩膀收紧了，或者脸上露出了焦虑或恐惧的表情。也许当狗吠叫或离我太近时，她退缩了。我妈妈不必说"狗很危险，不可预测"就可以让我学会这个模型。这些行为线索可能导致了我的心理模型形成，尽管即使作为一个成年人，我也不一定知道为什么我认为狗很危险。

依恋与心理模型

还记得第 3 章中你学习的依恋行为和依恋循环的内容吗？当婴儿经常感到安全、被看见、被安抚和稳定时，他们会形成以下心理模型：

- 人们都很好，会照顾我的。
- 我很好，值得被照顾。
- 我可以用我的声音让我的需求得到满足。
- 当我陷入苦恼时，我还可以处于不错的状态。
- 世界是一个安全和可预测的地方。
- 照顾我的人很安全，不会伤害我。
- 有人关心我是否苦恼，他们试图帮助我感觉好些。
- 我可以容忍我的照顾者与我不同频，因为我知道我们总是会重新同步。

有些婴儿没有感觉到安全、被看见、被安抚和稳定。他们可能会发展出如下心理模型：

- 人们是难以预测的；有时他们照顾我，而有时他们不会。
- 我不能用我的声音让我的需求得到满足；我必须用不同的方式来达到目标。
- 当我苦恼时，我很糟糕。
- 世界不安全或不可预测；我必须负责我自己的安全感。有控制可以更好地预测世界。
- 人们很刻薄，会伤害我，甚至在我已经很痛苦的时候。

- 没有人在意苦恼的我。我完全独自一人面对困境。
- 与我的照顾者无法同频的状态让我觉得很痛苦，我不知道情况何时或能否改善。
- 让其他人苦恼是糟糕和危险的。为了安全，我必须持续讨好他人。

我们都没有经历过完美的养育。即使是那55%经历过依恋研究人员所称的"安全依恋"的人，也有很多感觉不安全、不被看见、不被安抚和不稳定的经历。这对我们的孩子来说是真的，当然，对你我也是如此。

我们的过去如何影响我们的现在

有时我们会以外显的方式进行学习，比如当我们的父母告诉我们"狗是危险的，不可预测的"。当我们这样明确地学习时，很容易理解我们为什么会有那样的信念。

然而，有时我们会以内隐的方式进行学习——比如当我们从父母的行为中发现一些微妙的线索，告诉我们"狗是危险的，不可预测的"。他们可能永远不会跟我们这么说。他们甚至可能会说"狗是安全和有趣的"，但因为他们与狗相关的行为，我们仍然学习到"狗是危险和不可预测的"。

我成长在一个重视"表现得好"和"看起来好"，而不是诚实和真实的文化中。这并不是说有人这样告诉过我，我是通过观察别人的行为学会的。我发展出来的一个心理模型是："以可能引起他人痛苦的方式行事是危险的，所以我应该始终努力做到完美，取悦他人。"

有一次，在朋友家吃晚饭，我强迫自己吃蘑菇，因为我不知道我可以说"我不喜欢蘑菇"。我内隐式地知道，由于一种心理模型，对我来说，照顾朋友妈妈的感受比照顾自己的感受更重要。我在很小的时候就知道，我的某部分会伤害他人，我的责任就是确保这种情况不会发生。我不想让我不喜欢蘑菇的部分伤害任何人的感情，所以我吃了一些我觉得恶心的东西。

在人生的宏伟图景中，在一次晚餐中硬吞咽下蘑菇并不是什么大事。

或者它是一件大事？我吃那些蘑菇是因为我相信别人的感受比我的感受更重要。我相信我身上的某些东西会伤害其他人，我有责任确保这种情况不会发生。我当时认为，对我来说，忽略自己的恶心的感觉，比设定一个界限并说"不用了，谢谢"更重要。

这些信念对我的生活产生了深远的负面影响，但为了这本书，让我们继续关注养育方式。

当诚实是危险的时

当我儿子八岁左右的时候，我朝他的头扔了一块燕麦能量棒。坚硬的能量棒，在离他很近的距离。

当时，我正在装他的午餐，他不好意思地转向我说："妈妈，我决定不再喜欢那些燕麦能量棒了。"

我很生气。那天早上,我的压力反应系统很脆弱,因为我没睡好。

我希望我的儿子有这样的心理模型——拥有并表达自己的偏好是安全的,即使这会让别人感到不舒服。但这与我的一个心理模型直接冲突,所以我需要我的猫头鹰大脑来记住这一点。

就在几天前,他坚持说他喜欢那些燕麦能量棒!所以我买了一个仓库储藏盒子那么大的一盒。我儿子知道,改变他对燕麦能量棒的想法会让我很沮丧,因为现在我们有足以吃一年的燕麦能量棒,没有人会吃。但他也知道表达自己的偏好是安全的。

但事实并非如此。在那一刻并不如此。当我自己的大脑下线的时候,我的旧心理模型("拥有和表达一种让人不舒服的偏好是危险的")被激活了。

这是一个关于心理模型的有趣的事情。镜像神经元帮助我们感受到另外一个人的感受,在那一刻,我无法忍受儿子谨慎小心地表达自己的诚实感受。没有猫头鹰大脑的连接,我就无法了解真相:拥有和表达一种偏好是安全的,即使这种偏好让别人感到不舒服。最终,我的看门狗大脑认为有太多的危险,我真的发起了攻击。

你知道我的猫头鹰飞走的时候还带走了什么吗?不可以向我儿子扔东西的知识。不可以表现得很吓人的知识。当我的猫头鹰大脑负责主导时,我不会向儿子扔东西,也不会表现得很吓人。

有时,我的猫头鹰大脑会飞走,我发现自己的育儿方式与育儿价值观不一致。在那些时刻，我不记得我所学到的一切关于如何以一种受调节、有连接和有安全感的方式育儿的知识。

回想第 7 章和第 8 章。你有没有注意到，有时你有"后退"看门狗的反应！甚至在只需要一个"怎么了"看门狗的反应时，以"攻击"看门狗的方式对你孩子的行为进行反应。

常见的父母心理模型

以下是我在自己、丈夫和与我共事的父母身上遇到的常见的父母心理模型清单。慢慢阅读，注意你可能出现的任何感觉：

- 我必须时刻掌控局面。
- 作为一个家庭，我们"看起来不错"是很重要的。
- 成就和成功是最重要的。
- 我很坏 / 我是个坏家长。
- 连接被拒绝会危及生命。
- 连接是危险的。
- 不受尊重是危险的。
- 为了让别人开心而忽略我的感受是很重要的。
- 当不好的事情发生时，感觉事情永远不会好转。
- 犯错误是危险的。
- 好孩子有好父母。坏孩子有坏父母。
- 不良行为会使人成为坏人。

深呼吸。吸气。缓慢细长地呼气。

你注意到了什么？如果你注意到紧张、收缩，甚至羞耻或尴尬，那可能是因为你也有这种心理模型。不知道我们自己的心理模型是很常见的，当你发现其中一些模型时，感到惊讶是很正常的。

现在，重读一下当婴儿没有感觉到安全、被看见、被安抚和稳定时，有时会形成的心理模型的清单。也许在你的内隐记忆深处储存着这样一些信念：

- 人们是难以预测的；有时他们照顾我，而有时他们不会。
- 我不能用我的声音来让我的需求得到满足；我必须用不同的方式来达到目标。
- 当我苦恼时，我很糟糕。
- 世界不安全或不可预测；我必须负责我自己的安全感。有控制可以更好地预测世界。
- 人们很刻薄，会伤害我，甚至在我已经很痛苦的时候。
- 没有人在意苦恼的我。我完全独自一人面对困境。
- 与我的照顾者无法同频的状态让我觉得很痛苦，我不知道情况何时或是否能够改善。
- 以引起他人反感的方式行事是危险的；我必须努力做到完美，永远取悦他人。

这些心理模型似乎与养育子女没有直接关系，但你能想象它们会以什么方式出现吗？尤其是当养育一个神经系统脆弱的孩子，他往往以过度活跃的看门狗大脑或极度恐惧的负鼠大脑进行反应时。

大反应，小问题

让我们看几个例子。

不受尊重是危险的

当你的孩子粗鲁或野蛮时，很可能他正在以"怎么了"看门狗大脑进行反应。帮助孩子学会如何以尊重自己和他人的方式表达自己是很重要的。这项技能将帮助你的孩子在未来建立令人满意的关系。我们的"怎么了"看门狗帮助我们注意到孩子的粗鲁行为，这样我们就可以帮助他们解决如何不粗鲁地表达自己的问题。

如果你有一个"不受尊重是危险的"的心理模型，那么你就不太能看到孩子的粗鲁行为可能只是意味着他们的"怎么了？"看门狗需要帮助。相反，这种粗鲁的行为让你觉得是针对个人的。当一个人的行为让你感到是针对你个人时，你的看门狗大脑或负鼠大脑就会变得过于活跃。

拒绝连接会危及生命

当你的孩子说"我恨你"或者"你是有史以来最糟糕的妈妈，我希望我有一个不同的家庭"时，有一个"怎么了"看门狗大脑的反应是很合理的。你的"怎么了"看门狗大脑想和你的猫头鹰大脑一起工作，这样你就可以通过协同调节、连接、安全感和边界来解决这个问题。

如果你有一个心理模型，认为"拒绝连接会危及生命"，那么你更有可能会以"后退"看门狗大脑来反应，甚至当你的孩子说"我恨你"时，你的"攻击"看门狗大脑会进行主导反应。如果你有一个"我很糟糕"或"我是一个糟糕的家长"的心理模型，那么你就会有"后退"或者"攻击"看门狗大脑的反应，甚至是"关机"负鼠大脑的反应。

所有的行为都是有道理的。内隐心理模型帮助我们预测未来，这样我们才能生存。当你意识到这些心理模型时，你的猫头鹰大脑可以帮助你决定这些心理模型是否仍然是真的、适用于现在。

我们创造我们所期望的

还记得几页前我说过，如果我把狗的玩耍行为理解为攻击性行为，那么随着时间的推移，这只狗可能真的会变得有攻击性吗？同样的现象也发生在人类身上。如果我认为我的孩子的行为是对我个人的拒绝，我会切换到保护模式，发生严重的看门狗大脑或负鼠大脑反应。这教会了我的孩子，我不安全，无法连接，这反过来又让他们更加陷入保护模式。这最终会导致更多的拒绝连接的行为，而不是更少。

如果我把孩子的拒绝行为看作关于他们神经系统状态的信息，以及关于他们过去关系体验的信息，我就不会将他们的行为视为针对我个人的。这种行为可能是不可接受的，但如果我不把它当成针对个人的，我通常可以用我的"怎么了"看门狗大脑而不是我的"后退"或者"攻击"看门狗大脑。我的"怎么了"看门狗大脑与我的猫头鹰大脑协同工作，通过提供协同调节、连接和安全感来解决真正的问题。

现在怎么办

这是可能的，意识到你的心理模型，注意到它们何时被触发，并问自己："这真的是真的吗？"

"这真的是真的吗？"这是"怎么了"看门狗所问的问题，所以探索你的心理模型的第一步，是拓宽你的压力承受窗口。这有助于你的猫头鹰大脑留在原地，继续与你的"怎么了？"看门狗工作，注意你自己的思想、感受和身体感觉。

你不是一个坏家长，也不是一个坏人。你的行为并不能决定你的好坏，或者你是个什么样的人。不受尊重不是危险的。当你的孩子拒绝你的连接时，这不是真的很危险。这一切都不是真的。

的确，这些行为需要得到处理。但它们并不危险。孩子的挑战性行为来自处于保护模式的神经系统。如果你的看门狗大脑或负鼠大脑认为这些行为是危险的，你的反应会制造更多的恐惧。这并不意味着你的孩子的行为是你的错，但这确实意味着你错过了看到孩子行为真实情况的机会——一个关于他们神经系统发生了什么的线索。

我知道你的孩子可能会有真正危险的行为。他一边大喊"我恨你"，一边把你推到墙上是很危险的。当某件事很危险时，允许你的看门狗大脑或负鼠大脑接管并完成它的工作。但尖叫"我恨你"本身并不危险。

当然，即使它并不危险，也会让人筋疲力尽。过度活跃的看门狗大脑和负鼠大脑的行为会带来长期的压力和混乱，这都会给你带来难以相信的压力。你的看门狗大脑或负鼠大脑可能在大部分时间（如果不是全部的话）都占主导，就像你孩子的大脑一样。这是对非常糟糕的情况的一种非常正常和适应性的反应。

让我们继续学习第 11 章，深入研究如何帮助你的猫头鹰大脑成长和增强，这样你就可以得到一些宽慰。

Raising Kids
with Big, Baffling
Behaviors

第 11 章

如何对孩子的行为更加宽容

下了第一场雪。11月和12月对你来说是繁忙的月份，我们从每周的预约延长到每两周一次。经过几个月的合作，你已经内化了我的协同调节，所以你不再需要和我频繁接触。做萨米的妈妈总是很难的，但当我们一起工作时，困难的事情会变得轻松一些。在这一点上，我的一部分将永远与你同在，我们将永远在一起。

假期对你和萨米来说都是混乱和不可预测的。学校聚会、班级装饰和许多甜食让萨米的看门狗大脑加班加点地工作。她的压力承受能力下降了，你的压力承受能力也下降了。

"难道我们不能跳过假期吗？"你问道。

我轻笑了。"只是在今天，你就可能是第四个问我这个问题的人了！我们是怎么样与所有这些假期期望艰苦搏斗的啊，这太有意思了。假期应该是好玩有趣的！"

"是吗？"你扬起眉毛。

"好吧，终于到了喝摩卡薄荷咖啡的季节了！这很重要，对吧？"我把咖啡杯举向你，邀请你用你的杯子与我碰杯。

"我很疲惫，没有真正地做一个好妈妈。我的天啊。什么样的妈妈在 12 月脾气暴躁？"

我觉得你是认真的。"嗯，我认识的每个妈妈？"你的眉毛突然挑起来，看起来很惊讶。"说真的。我认识的每个妈妈！但尤其是那些有脆弱神经系统孩子——像萨米这样的孩子——的妈妈。糖、噪声、特别活动、聚会，哦，是的……我们以两周的休学结束了这一切。"

当你想到萨米和摩根很快就要在家待两周时，你的眼睛睁得大大的。

"我不适合这样的生活。如果他们得到了一个错的妈妈怎么办？如果他们在别人家会更好怎么办？"

"养育有脆弱神经系统和敏感压力反应系统的孩子真的很难。"你点头，很快地，几乎是本能地点头。"不，真的，"我再施加一点压力，"当我那么说时，你相信吗？这真的很难。"

"当然，我猜。是的，这真的很难。"

"那如果我说你真的做得很好呢？"你哼了一声，翻了个白眼。"你不相信我吗？"

"好吧，"你说，"我相信你认为我是一个非常好的妈妈。但你看不到我最糟糕的一面。"

"是的。你认为如果我看到那一面,那就会改变我的感觉吗?"你直视了我一会儿,真的在考虑这个问题。

"我想不会。"

"如果我看到你在你最深层的挣扎里,我只会感到怜悯。我会有一种深深的、深深的愿望,希望结束你的痛苦和悲伤,尽管我知道我做不到。"

"当你看着我不停尖叫时,我怀疑你是否会感到怜悯。"你紧紧盯着我的眼睛,发出邀请——或者说是一种挑战——去真正、真实地看到你。我注视着你。

"如果我在你认为最糟糕的育儿时刻看到你,你正在以一种你永远不想让任何人看到的方式行事,我就会知道,我看到你正处于极度痛苦的时刻。"我们的视线仍然紧紧相织,开始感觉有点不自然,但我不想做那个转移视线的人。"我想知道,你能相信自己的这一点吗?你最糟糕的行为是在你最痛苦的时刻出现的吗?"

你把目光移开,什么也没说。

过了一会儿,我好奇地轻声问道:"发生了什么事?你的思绪在哪里?"

"这很奇怪,"你说,仍然凝视着远方,"但,是的。我真的认为我相信你。"我深吸一口气,轻轻地点头,有一会儿什么话也没说。

然后,"对此,你感觉怎么样?"我问,"关于你相信我这一点?"

"很好?很困惑?我不知道。在过去的几年里,我只知道有些事情出了很大的问题,这可能都是我的错。

我都不知道我可以有这么糟糕的感觉。我都不认为我可以表现得那样糟糕。我来这里是因为我需要帮助萨米，而你是我的最后选择。但在某种程度上……你对我的帮助超过了对萨米的帮助。"

"你知道，"你继续说，我的沉默是对你继续说的一种邀请，"我在脑海中听到了你的声音。"你看着我，几乎很尴尬的样子。我喝了一口摩卡薄荷咖啡，注意到我眼睛里已满含泪水。"在我的脑海里，我听到你告诉我，我是一个很棒的妈妈。你说'你现在当然吓坏了'或者'萨米的猫头鹰大脑飞走了'。"我点点头。你啜饮了一口咖啡。

"我不想和一家子看门狗一起度过这个12月！"能量在你的声音里突然增强，充满了紧迫感。

我伸手去拿活页夹。"好吧！你很幸运！我这里刚好有一个反看门狗家庭治疗计划！"在活页夹的后口袋里，我取出了一份顶部写着"自我关怀"的讲义。

"这是与我一起工作的一群父母想出的一份自我关怀的'咒语'清单。"我把它交给你，在你阅读讲义的时候，我花几分钟默默地喝咖啡。

孤独是真实的，这是合理的。
这里欢迎你凌乱的完整的自我。
我听到你在说的话，我知道这有多难。这一定很难。我希望你抽出时间照顾好自己。
继续前进，而且我听到了你。
艰难的事情是艰难的。我希望我可以帮你

把艰难带走。

我明白了，我听到了你。你疲惫是有原因的。你可以疲惫。让我们一起感到疲惫吧。

你爱得太沉重了。休息一下没关系。

这很有道理。我可以为你保留空间，你并不孤单。

你可能感到孤独，但你并不孤单。

这太难了。有太多痛苦了。你有这种感觉是完全合理的。谢谢你让我和你一起进入这个空间。

即使感觉起来像是你还不够好，但你是够好的。

我听到了你，也看到了你。

你并不孤单。

你正在用你所拥有的做得最好。

这很难，而且越来越难。你要承认这有多难。我关心并理解。

我，你，正在尽我们所能做得最好。

我和你一起深呼吸。

我和你在一起。谢谢你和我分享你的心声。

你终于抬头看着我了。我不完全明白你的眼神是什么意思。它是震惊，我想，虽然是一种真的很累的震惊。

"嗯，"我温和地说，"你怎么了？"

"你从哪里得到这个的？谁说了这些话？"你开始说其他的话，然后停下来。

"一群知道给萨米做父母是什么感觉的父母。我写下了他们对彼此说的所有话,以及当他们感到愤怒或绝望,或对自己的行为感到羞愧时,他们说的所有需要听到的话。然后我问他们:'你能对自己说这些话吗?'"

你再往下看那一页,然后抬头看我。

"你能吗?"你没有回答。"如果你不能对自己说这些话,你能想象我对你说吗?"

再次,你回顾那一页,然后抬头看我。你看起来很迷茫,但似乎又找到了方向。

"试试看。从现在到我再次见到你的期间,多读读这些话。读很多次,每天好几次。假装我在对你说这些话,如果可以的话,对你自己说。"我看着你手里的那张纸,点了点头。"那个?那会让你熬过假期,会再次拓宽你承受压力的窗口。每次你对自己说这些话,而且你是认真地说,这就像做一个大脑肌肉锻炼一样,增强你的压力承受弹性。我保证。"

你点点头,把纸折成原来的1/4大小,然后把它塞到钱包里。

我微笑着。"明年见。"

有利于大脑的肌肉锻炼

即使家里的混乱从未改变,你也有可能感觉更好。娜特其实是幸运儿之一。从一个新的角度看待萨米的行为,并以有安全感、有连接和受协同调节的方式做出回应，这确实帮助萨米变得更加受调节。我不知道这种情况是否会发生在你的家庭中。我知道，即使你没有看到孩子的行为发生变化，孩子的大脑也在发生变化。我不能保证你何时或者甚至是否会看到行为的改变。

即使孩子的行为从未改变，你也可以感觉更好。有一些方法可以拓宽你的压力承受窗口，提高你的压力反应系统的弹性，即使混乱从未平息。这真的是一项艰苦的工作，而且它是不公平的，除了你必须努力地帮助你的孩子之外，你还必须努力地帮助自己。

你知道，我没有灵丹妙药可以帮助你感觉更好。如果我有，我肯定不会等到第 11 章才告诉你这件事！你知道我没有灵丹妙药，因为如果存在灵丹妙药的话，你早就找到了。

受调节、有连接和有安全感的小瞬间汇合在一起，慢慢地为萨米创造了变化，小瞬间也可以为你创造变化。佩里博士对神经系统如何从创伤中恢复的研究表明，重要的是瞬间。[1] 他的研究通常是关于儿童的，但我发现同样的想法也适用于我们成年人。在与我相处的那一周的一个小时里，娜特和萨米的关系没有改变。在娜特用更强的猫头鹰大脑连接去养育萨米的几周、几天、几小时、几分钟甚至几秒钟里，她们的关系发生了变化。

我将为你的大脑提供四种不同的肌肉锻炼方式，这将帮助你为你的压力反应系统创造一种锻炼习惯。其中可能有一两个（甚至三四个）感觉不可能完成。没关系。从感觉最不可能的那个开始。随着时间的推移，小瞬间会累积成为大变化。

- 连接
- 玩耍
- 注意到好的事情
- 自我关怀

连接

你上一次和一个真正、切实地理解养育一个神经系统脆弱的孩子是什么感觉的人共度时光是什么时候？也许你是幸运儿之一，你有一个养育孩子的伴侣，他就和你一起在战壕里。不幸的是，我知道很多家长都是独自一人踏上这段旅程的，即使他们有育儿的伴侣。有时，我们的伴侣在调节、连接和安全感方面也有自己的挑战，他们很难在看待孩子行为的方式上实现这种范式的转变。有时我们的伴侣同意这种范式转变，但无法真正做到。如果以上其中任何一种描述了你的处境，我对你们俩深表怜悯。然而，世界上所有的怜悯都不会改变你依然是孤独一人这一事实。

社会科学家莱恩·贝克斯（Lane Beckes）和詹姆斯·科恩（James Coan）的研究表明，人类不仅仅需要连接。[2] 连接是我们的基础，这是我们的期望。由于这是我们的期望，缺乏连接就可能会引发压力反应。长期缺乏连接会导致有毒压力的积累。

连接是如此强大，它让困难的事情感觉不那么困难。如果你和别人一起做一些艰难的事情，比如爬山、戒酒，或者养育一个神经系统脆弱的孩子，你的压力反应系统就不必像你一个人做的那样艰难了——即使那个人是一个陌生人！

具有讽刺意味的是，当我们挣扎着抚养神经系统脆弱的孩子时，很容易把我们自己对连接的需求排在最后。也许这并不是你停止了优先考虑连接。也许这是因为你的朋友甚至家人都不再给你打电话了。很少有人知道如何支持生活在持续危机中的人。

这整本书都是关于如何看到孩子的真实一面，在每一个瞬间，并为他们提供连接。为什么？因为连接是如此强大，我们需要它来生存。你在哪里接收连接？不，真的。回答这个问题，你在哪里接收连接？

当我正在为医疗保健和儿童福利工作者做一个关于怜悯倦怠的演讲准备时，我发现了一项研究，描述了导致这种倦怠的两种关键经历。其中一种是让病人或来访者对你表达强烈的情绪，然而你的工作是要"专业"。基本上的要求是，当病人对你大喊大叫时，你应该抑制所有的自然情绪。这很难，但实际上，这并不是最难的部分。最困难的部分是当情境结束时没有人可以求助。在许多压力很大的工作环境中，潜规则是克服它，继续工作。表达任何痛苦都会给人一种无法胜任工作的印象。我在一家创伤医院担任儿童保护服务调查员和儿科急诊室社会工作者时都经历过这种情况。我看到可怕的事情发生在孩子和家庭身上，却无处求助以处理这些恐怖。事实上，当我陪伴一个家庭走过长长的空走廊，去会见那些把他们的宝贝孩子带到殡仪馆的人之后，我会把自己锁在办公室里，独自哭泣而不会被发现。

这正是神经系统脆弱的孩子的父母必须做的。隐藏他们真实的情绪，通常是出于羞耻，并试图在无处求助的情况下处理这一切。孤独和孤立可能会导致创伤。

连接时刻很重要

我知道说起来容易做起来难，但你必须找到一个能对你生活中最艰难的部分承接真实感受的人。也许你身边确实有这样的人，但在日常生活的混乱中，你让这些连接半途而废了。拿出你的手机，发一两条短信，开始重建这些关系。

去，现在就去做。我可以等。

你可能会觉得没有这样的人可以重建关系。那你就去找一位了解养育一个神经系统脆弱的孩子所面临挑战的治疗师。有很多治疗师与神经系统脆弱的孩子一起工作，他们会很乐意与一两个成年来访者工作。这些儿童治疗师可能会真正理解你的家庭和你的挣扎。

搜索你所在城镇的名称和"父母支持小组"。如果你是收养家庭，搜索"收养家庭支持"。联系在收养期间帮助你的机构。在后疫情的 Zoom○时代，虚拟支持小组更容易找到，也更容易接触到。管理良好的互联网论坛也可以提供大量的支持。

你的孩子需要感到安全、被看见、被安抚和稳定，你也

○ Zoom：一款视频会议软件。

是。如果你想以这种方式养育你的孩子，重要的是找到能以同样方式照顾你的人，那些不评判你、真正理解你的人。连接会改变大脑。为了你的孩子和你。

有关安全感的科学促使我为那些有着严重的令人困扰的行为的孩子的父母创建了虚拟社区："俱乐部"（The Club）。它基于我所有工作所基于的相同基本理念：父母努力加强与孩子的连接和协同调节，他们自己也需要接受连接和协同调节。我审视了多年来在我的办公室向父母提供这些东西的所有方式，并想办法如何在更大范围内提供——向世界各地的数百位父母提供。

我知道很难伸手去连接。这感觉就像是待办事项清单上又多了一件事。如果你长期以来一直在养育一个神经系统脆弱的孩子，却没有得到很多帮助，那么你无疑已经筋疲力尽了。我理解。无论如何都要伸手去连接。这很重要。

这可能比你想象的更简单。你不必安排一个仅限成年人的假期，不必参加为期一周的研讨会，也不必带一个女孩（或男孩）周末外出。不要误解我的意思——如果你可以并且你想做这些事的话，那就去做。但是，即使是你足不出户就能得到的片刻连接，也会有所帮助。发送一条带有有趣表情包的短信，甚至是"我爱你"或"我想你"，都会为连接的种子浇水灌溉。你会在晚些时候收获成果，甚至可能在特别艰难的一天中，当你最需要的时候。我和女性朋友"一起"听播客。每周节目播出时，我们都会发短信表达我们的感受、最喜欢的引语，甚至只是用表情符号表达的反应。它很简单，只需要大约4秒钟。

我们也会告诉对方"我爱你"。记住。瞬间很重要。每一个被看见、被了解和被接受的瞬间,对大脑来说都是一个小小的肌肉锻炼。它们会累加在一起。

玩耍

当我回想起我作为一名游戏治疗师的开端时,我不得不笑。我是一个非常讨厌玩耍的游戏治疗师!我不能凭直觉地玩耍。我不能想出好玩的、有创意的主意。在很长的一段时间里,游戏感觉笨拙而尴尬。

我还嫁给了这个星球上最爱玩的男人。有一次,一个女人走过来,看着我丈夫和儿子在杂货店里把20磅重的绞碎牛肉管当作剑在搏斗。她笑着说:"我想成为你的家庭成员!"

但我的家庭肯定不是一直都很有趣,持续不断的玩耍甚至会让我感到紧张。在我们见面的那天,我丈夫对我说:"在我们死之前,我们有很多东西要互相学习。"毫无疑问,玩耍是我从他那里学到的最棒的东西之一。当你知道我在了解了游戏的科学性之后,才愿意冒着游戏的脆弱性的风险时,你不会感到惊讶。

斯图尔特·布朗(Stuart Brown)博士是一位游戏研究者,他说游戏可以:

- 培养同理心
- 产生乐观情绪

- 让坚持变得有趣
- 增强免疫健康[3]

大多数来我办公室和俱乐部的父母都说，对他们来说，玩耍早已不复存在。他们不记得上一次觉得好玩是什么时候了。事实上，玩耍和玩耍的想法往往会让父母感到疲惫、怨恨甚至厌恶。

我想让你知道的是，玩耍不是一件去做的事，它是一种存在的方式。就像玩耍可以增强你的孩子的猫头鹰大脑一样，玩耍也可以增强你的猫头鹰大脑。我还想让你知道，尽管我经常听到疲惫的父母提出抗议，但我仍然把它写进了这本书，因为我认为它是如此强大和重要。

玩耍时刻很重要

我保证你不必做任何新的事情。事实上，我强烈建议你不要这样做。你可以把玩耍融入你每天已经在做的日常任务中，比如刷牙或洗碗。我已经到了这样一个地步，我基本上只看搞笑的节目（或钢铁侠这个角色）。我不止一次看过《富家穷路》（*Schitt's Creek*）的整个系列，很多都是在晚饭后打扫厨房时看的。如果你没有 25 分钟的时间来观看一个节目，那就从青少年游戏书中抽一页，在社交媒体上观看有趣的视频。现在去搜索"在笑的学步儿"。不可能不和他们一起笑。用有趣的物品装饰你的家，这可以让你愉快。我有两把（不舒服的）火烈鸟装饰的椅子，因为它们让我咧嘴一笑。要对周围发生的事情感到高兴。有一次我出门时，看到我们的一个邻居正在用一根绳子拉着割草机在他们的院子里割草。我觉得这非常有趣。结果发现，这并不罕见，但我让自己真正地享受这个时刻。

所有这些都来自一个正在康复的游戏恐惧症患者。我一生中有太多的时间都觉得自己太高雅了，不适合做愚蠢的滑稽动作。不过，说实话，我是在避免游戏的脆弱性。我为那些逝去的时刻感到悲痛。我和我的家人最近才度过了长达数年的严重危机。玩耍是我们活下来的主要原因之一。

看看周围。你在哪里可以轻松地为你的日常生活注入有趣的能量？

注意到好的事情

神经心理学家里克·汉森（Rick Hanson）的著作《重塑正能量》（*Hardwiring Happiness*）[4] 概述了一个简单的四步过程，从他所说的"红色大脑"（看门狗大脑和负鼠大脑）转变为"绿色大脑"（猫头鹰大脑）。我不打算在这里讨论他的整个过程，但如果这一部分能引起你的共鸣，我强烈鼓励你看看他的书。

他强有力的研究可以简单地以注意到好的事情 这个建议来概括。就是这样。注意好的事情，或者至少注意不坏的事情。

当我们花很多时间在看门狗大脑或负鼠大脑中时，我们开始只注意到不好的事情。你可能会注意到你的孩子的这种特点，他似乎总是抱怨，从不快乐或满足。看门狗大脑和负鼠大脑不想冒险忽略不好的东西，所以孩子会专注于一切他们认为可能不好的东西。有可能，在多年养育一个神经系统脆弱的孩子之后，你大脑也变得过度关注坏的方面。

我想知道，你是否已经开始忽视你生活中的一些好的东西，或者至少不坏的东西？我知道这在我的生活中肯定是真的！当我第一次读汉森博士的书时，我认为科学性似乎很到位，但我不愿意尝试他的建议。那感觉太脆弱了。注意到好的东西，感觉只会让我敞开心扉，没有保护，而灾难的最终崩溃只会带来更大伤害。有时我很生气，因为我的生活太糟糕了，而这个家伙暗示我所需要做的只是去想那些还不坏的事情。你可以想象，我被困在保护模式里，有时在我的看门狗大脑中，有时在负鼠大脑中。

汉森博士的研究并不是关于有毒的积极性，也不是在事实并非如此的时候假装一切都好，事实恰恰相反。汉森博士是诚实自我调谐的真正支持者，这意味着认识到那些明显糟糕的事情。然而，他也公开邀请人们尝试注意那些不那么糟糕的事情，即使在很多事情都很糟糕的时候也做如此尝试。

我是一个科学迷，在我生命的那个时刻，我感觉非常糟糕。所以我愿意考虑他的想法。我允许自己轻轻地迈出小步，注意到生命中的好的东西。我尽量保持轻松的心态，以一些我每天都做而且喜欢的事情开始：喝咖啡。

有时我晚上睡觉时会想着早上喝的那杯咖啡。最后我数了一下，在我的小厨房里有七种不同的煮咖啡的方法。我旅行时会带着咖啡，在我到达目的地之前，我就知道我去的每一家酒店和民宿的咖啡壶情况。

每天早上，我都会注意到我是多么喜欢我的咖啡。(读到这里，我相信你也注意到了!)当我喝我的早晨咖啡时，我注意到外面仍然很黑，只有我一个人醒着。我注意到我从亚拉巴马州的康福特山(Mt Comfort)特别订购的咖啡豆的味道，我也注意到我添加的重奶油中脂肪的质地。我注意到它有多热，如果不够热，我就把它放在微波炉里。我喜欢非常热的热饮。

这是一场五秒，也许是十秒的考验。仅此而已。但它已经累积并转化为我生活中的其他部分，带来了积极的影响。

我已经变得非常善于注意到好的一面，以至于我有点儿变成了一个令人讨厌的人，我带着惊叹行走在生活中，指着每棵树上的每一个春芽，指着我挡风玻璃上冻结的每一片美丽的雪花。我认为自己是一个容易感到开心的人。我简直不敢相信我刚刚写了那句话。十年前，我不是一个容易感到开心的人。我甚至不确定我当时是否真的理解"快乐"的含义。

关注美好事物的时刻

一点一点地，慢慢地，大脑的肌肉一点点地在运动，我的猫头鹰大脑已经成长了。有一次我去看医生，医生告诉我生活中需要减少压力。我对她笑了，就像如果我告诉你，你的生活压力小一些，你会感觉更好，你也会那样笑一样。这似乎是显而易见的！还有，我怎么可能做到呢？

我没有。事实上，在某些方面，我的生活压力只会越来越大。在新冠疫情席卷全球的同时，我的家人也遭受了严重的危机。我记得在这个糟糕的时期中间，有一次有人问我过得怎么样。我诚实而真实的回答是："事实上，很好。"哪怕我们正在忍受黑暗，但我的生活也很好。我简直不敢相信我已经到了人生的这个位置，两者都可以是真的，而且我可以注意到这两者都是真的。这是可能的。

当我努力注意到好的东西时，我惊叹于，如果我想要喝到一杯干净的水，我所需要做的事就只是打开厨房的水龙头。如果我把水龙头转一个方向，出来的水就很热。真的很热！热到可以洗个豪华的长时间的淋浴。这是一个奇迹。我知道这听起来很做作。你可能已经对我翻了白眼。有时生活如此艰难，感觉像是一种可怕的不公正，你能注意到的最好的事情，就是你有干净的热水随时待命。但它们不必相互抵消。悲伤和痛苦就存在于清洁的热水这种好东西旁边。苦难值得关怀以待。

自我关怀

毫无疑问，自我关怀是你育儿工具箱中最有力的工具。这是你可以放在人性化工具箱中的最强大的工具。如果我能给每一位与我共事的单亲父母一件事，那就是自我关怀。从娜特走进我家门的那一刻起，我就怀着关怀的心情见到了她。与玩耍类似，关怀不是可以做的事情。关怀是一种存在方式。关怀从猫头鹰大脑中自然产生，但我们也可以把它作为走入猫头鹰大脑的通道。

克里斯廷·内夫（Kristin Neff）博士是研究和教授自我关怀的先驱。她的书《自我关怀的力量》(*Self-Compassion*) 将关怀定义为"对痛苦遭遇的察觉和洞悉。它还是对身陷苦境的人的善意，所以关怀的欲望——排忧解难——就应时而生"。[5]

自我关怀的定义很简单，即对我们自身痛苦的认识和清晰的看到，关怀包括对自己的善意，从而产生帮助、减轻自己痛苦的愿望。

和我一起工作的父母都痛苦，有很深的痛苦。

如果你没有痛苦，你就不会拿起这本书。你之所以痛苦，是因为养育一个神经系统如此脆弱的孩子会带来巨大的悲伤和困难。你感觉你的家不安全，你无法获得所需的服务，你渴望与孩子建立一种可以有合理预期的关系，但你现在怀疑可能永远不会得到这种关系。你可能已经失去了朋友，把宝贵的空闲时间和辛苦赚来的钱花在了治疗和服务上。这是很痛苦的。认识到你的痛苦不是自怜，也不会让你沉溺在悲伤中。事实上，对自我关怀的研究表明恰恰相反。自我关怀使你更有可能想出如何让事情变得更好的方法。

娜特很痛苦，不仅是因为她在育儿之旅中失去的东西，还因为她对自己作为母亲的行为感到震惊。我一遍又一遍地从疲惫的父母那里听到这句话，他们中的许多人都养育了其他孩子，做得还非常好。突然间，他们发现自己出现了他们做梦也想不到的言行和感受。然后他们为自己感到羞耻，确信自己的行为证实了自己是一个多么可怕的人。

令你震惊的行为只证实了一件事。你的神经系统是脆弱的，你的"后退"看门狗、"攻击"看门狗，或者你的"关机"负鼠、"装死"负鼠，都出来了。

我向你保证，你对我说的任何关于你自己或你的孩子的事情，我在我的办公室里都听过。你情感的强度与你遭受的痛苦的强度是成正比的，就像我早些时候在这本书中告诉你的关于你的孩子的那样。

我再说一遍，因为这句话值得重复：看到自己的痛苦并不意味着你必须沉溺在其中。你可以见证并与自己的痛苦同频，而不会陷入无尽的自怜循环。

自怜来自看门狗大脑或负鼠大脑。自我关怀来自猫头鹰大脑。自我关怀会增加你承受压力的能力。自我关怀会增强你的压力反应系统的弹性。自我关怀甚至会帮助你开始改变你的心理模型，如果你发现这些心理模型中的一些不再是真的（更多内容见第 12 章）。

如果你无法从这本书中得到任何东西，而只是增加了 5%的关怀自己的可能性，那么我就成功了。当我处于我的猫头鹰大脑中时，我与娜特的工作充满了关怀。我的声音中有关怀，我的眼睛里有关怀，心里也有关怀。它拉近了我与娜特的距离，也让我产生了结束她痛苦的愿望。

当然，我无法结束她的痛苦。娜特的痛苦是有道理的，是恰当的，我无权剥夺它。但我希望我可以。我能做的就是和她在一起渡过痛苦。这并不能结束痛苦。但它结束了她痛苦中的孤独。

自我关怀的时刻很重要

> 养育这个孩子很难。

再读一遍。

> 养育这个孩子很难。
> 我正在尽我所能。我很痛苦。
> 仅仅因为我是人，存在于这个地球上，我值得关怀。

怎么样？当你怀着关怀的心跟自己说上面的话时，你的胃和胸部会有什么感觉吗？太难了吗？没关系。我们可以帮助自己体会关怀。以下是我们如何开始搭建脚手架。

娜特值得关怀吗？你读了我怀着关怀的心情与娜特及你说话的那几页吗？你相信我吗？

我的治疗师曾经告诉我，她对我很关怀，然后问我是否相信她。起初，我只能诚实地说："好吧，我不认为你在骗我。"这是真的。我不认为她会对我撒谎。我相信她有关怀的心。我只是不相信，如果她真的了解我最糟糕的部分，她还会有这种感觉。我一直在等她说："哎呀，没关系。我以为我关怀你，事实证明，你真的很糟糕。我再也帮不了你了。"

好吧，那从来没有发生过。最终，我相信，即使在我最糟糕、最令人震惊的行为时刻，我也值得关怀。尤其是在那些时刻。我相信，如果她看到了我的这些部分，就说她已经非常靠近我了，而她仍然会不但关怀我，还真实地喜爱我。

我对娜特感到关怀和喜爱。你看着它慢慢地展开，在这几个星期里面。娜特值得关怀，因为她和我们一样真实地存在。随着我对她加深了解，我的内心很容易涌现出对她真实的喜爱。如果你在我的办公室，我会对你有同样的感觉，就像我对每一位来我办公室的家长一样。毕竟，就像我的第一位导师坎迪斯·奥塞福特-拉塞尔（Candyce Ossefort-Russell）告诉我的那样，所有的真实自我都是可爱的。毫无疑问，每当我挣扎着让自己喜爱一个来访者时，我都知道我自己的看门狗大脑或负鼠大脑参与了其中。当这种情况发生时，我会通过给予我的看门狗大脑关怀，以安抚它。如果需要，我会寻求专业咨询。当我对一个来访者失去关怀时，并不意味着这个来访者不值得关怀；这表明我自己的一些内隐记忆已经被唤醒，这些记忆与我的来访者无关，它召唤了我的看门狗大脑或负鼠大脑采取行动。我得来负责，做自己内心的工作。

搭脚手架以达到自我关怀

如果你还不能对自己感到关怀，那就认识到这本身就是一个痛苦的时刻，但不用带着任何改变它的计划。你的看门狗大脑仍然只是稍微保持警惕，这不要紧。你的看门狗大脑为你做了多么勇敢的工作。如果你不能关怀自己，你能把我带到你的脑海中吗？你能听到我对娜特的关怀吗？你能想象我会把它提供给你吗？

全世界的父母都给我发电子邮件，告诉我他们在脑子里听到了我的声音。他们戴上耳机，每天（每小时）听我的播客，听我表达对他们的协同调节和关怀，最终，他们在脑海中听到了我的话，就好像我们彼此认识一般。

这对我而言是件值得深思的很棒的事情。在"棒"这个词最真实和最酷的意义上都是如此。这也正是我最初开始做播客的原因，而且它正在起作用。太棒了！

我也有过这样的经历。我是一个狂热的播客听众，而且我知道当播客主持人变成一个亲密的私人朋友的感觉。我的意思是，当我洗澡、跑步、开车、洗碗、做园艺时，他们会和我在一起。我花在我最喜欢的播客主持人身上的时间比花在我丈夫身上的时间多，而且我们俩都在家工作，那真的说明我很狂热。事实上，我曾经为自己与陌生人的这种联系感到有点儿羞愧，但现在，理解了这一切的神经科学，我对此感到很棒。

当来访者反复告诉我，就像娜特一样，他们能在脑海中听到我的声音时，我开始怀疑我能否为全世界成千上万的人提供这种声音。

事实证明，答案是肯定的。如果你很难在脑海中听到关怀自己的话语，请戴上耳机，听我的播客。听听我的声音。我希望，最终，在你批评或羞辱自己之后，你可以立即听到我的声音。最终，当你发现自己被照顾一个需求似乎比大多数人都多的孩子所产生的悲伤淹没后,你可以立刻听到我的声音。而最终,你会听到我的话——但以你自己的声音。

从字面上讲,关怀是关于改变的神经生物学。在下一章中,你将了解关怀如何帮助你更新不再真实的心理模型。关怀会改变你的大脑,拓宽你承受压力的窗口,帮助你记住你一直以来的真相:你是一个充满无限价值的人,仅仅因为你的存在,你就值得关怀。

你的猫头鹰大脑锻炼计划

等一下!在你翻到下一章之前,我希望你打开手机上的笔记应用程序,或者找一张纸。我建议了四种不同的方式来锻炼你的猫头鹰大脑——连接、玩耍、注意到好的事情和自我关怀。

哪一个似乎最容易?哪一个似乎最不难?从那一项开始。制订一个计划。你会给朋友发短信,还是去搜索互联网论坛,找到养育神经系统脆弱的孩子的父母一起互相支持吗?你打算每天晚上 8 点看一个有趣的节目,还是设置一个"在笑的学步儿"的提醒?也许你注意到了,和我一样,你每天都要做一些事情——用你最喜欢的沐浴露洗澡、早上喝一杯咖啡或晚上喝一杯茶。也许明天你只需要花五分钟的时间,来注意你是多么喜欢那杯茶。或者,你可以下载在互联网上找到的众多自我关怀的模板中的一个,并将其作为手机的屏锁。

现在就决定吧。你会尝试哪一种?

第 12 章

如何应对你孩子的失控，
同时保持自己不失控

"欢迎！"随着最后一滴咖啡滴进你的杯子，我在咖啡角迎接了你。你抬起头，眼睛里闪烁着高兴的光。

"我记得你把咖啡放在那里了！"你说，喝了第一口，被烫得微微皱了一下眉头。

"有些事情永远不会改变。"我后退一步，做一个"请"的手势，然后将你请入我的办公室。当你坐在紫色的沙发上时，我看到了今天的"你"和去年第一次咨询里的"你"之间的显著区别。你坐得更挺直了一点儿，你的眼睛清澈而放松，你立即脱下鞋子，把脚盘到沙发上，舒服地蜷坐在一个熟悉而舒适的地方。

"很高兴见到你，"我说，"不过，与很久没见面的客户重新咨询是苦乐参半的。我猜，回到咨询意味着家里有点儿状况。"

"是的，有点儿。不过，我记得你说过，如果家里开始有点儿不对劲，我应该尽早打电话，进行小调试，这比等我们再次陷入危机模式时再来处理会更容易。我认为我们现在只需要一次小调试。"

"我喜欢这个！告诉我，怎么了？"

"嗯，可能主要是因为学期即将结束，所以我们面临着另一个巨大的转变——但萨米正在做一些非常奇怪的选择。她现在从学校骑自行车回家……"

"等等，等一下。萨米骑自行车上学了？还可以骑回家了？不用你陪了？"

"是的！我知道，很疯狂。我们开始时不确定这是否会顺利，但我们确实成功了！我认为在上学前后进行的所有感官练习真的对她有帮助。而且她喜欢独立。在大多数情况下，一切都很顺利，没有真正的问题。直到上周。我在周二接到一个电话，她被投诉了，她对路口的警卫翻白眼，还说警卫很蠢。第二天，她向汽车扔石头！我不得不承认，当我听说这件事时，我几乎疯了。"

"哦，天哪，当然了。向汽车扔石头是严重的事！"我正在努力理解这一切变化。你冒着风险，让萨米骑自行车去上学，我很惊叹。真是太勇敢了。我对她的成功感到惊叹！只是，现在她在向汽车扔石头。

"没错。当我听说这件事时，我很恐慌。我有一种感觉，就像自由落体一样，我掉进了一个坑里，事情会再次变得糟糕，就像我们去年第一次来见你时一样糟糕。好像事情永远不会好转，就好像总有一天我得去监狱看望萨米。"我眼睛睁大，点了点头。"所以，我觉察到了！我觉察到我很恐慌。我能在脑子里听到你的声音！你说的和你刚才说的一模一样。你说，'你当然在恐慌。'我不仅仅恐慌，我还很生气。你不能向汽车扔石头！而且……我只是让自己生气了一会儿。我没有评判它，没有感到羞耻，也没有告诉自己我反应过度了。我只是很生气。"

"哦，娜特，太棒了。太棒了！"这正是我们以前练习过的！觉察你真实的反应，然后承认这是真实的。不评判它，不要求自己改变，不是变得更富有同情心或冷静，或者去做任何其他事情。

你对自己很满意。"对吧？？"你同意。"这很有帮助。它真的很管用。我的意思是，几乎立刻我就觉得，哦，我不知道，我没有评判。情况很糟糕，很危险，我很生气。我的意思是——我让她知道这个情况很严重！她知道我很难过，我没有假装冷静或其他什么。但是……我没有失控。我没有发疯。"你喝了一口咖啡，似乎在反思你刚刚向我描述的一切。"石头！！！我没有因为她向汽车扔石头而抓狂！"

你调节了自己的情绪，而不是冷静。

"听起来你做得太棒了。那么，你为什么在这里呢？"

"嗯，"你说，"我的孩子向汽车扔石头，并称路口的警卫很蠢。很明显，有什么事情让她很有压力。我想看看我们能否在她的行为升级为财产破坏罪之前，制止这个势头，要不然将来我得去青少年监狱看望她了。"

所以我们开始努力搞清楚萨米的情况。我们可以尝试找到是什么诱因刺激了这次的事件,但我们知道,归根结底,也可能找不到原因。毕竟,萨米的大脑正在持续处理1100万比特的数据。现在是学期末,她正面临着从学校到暑假的巨大转变。这也不仅仅是一种过渡,她在面临重大的丧失。她再也不会跟同一个老师在同一个班里了。她面临着巨大的未知。明年的老师会是什么样的?现在和她坐在一起的朋友会在明年的班里吗?

我问:"萨米需要什么才能成功地骑自行车上下学?她需要更多的协同调节吗?"我们商讨你骑自行车去学校的可能性,你得正好赶上放学的时间,这样你就可以和她一起骑车回家,或者中途跟她会合。又或者打包一份零食带给她,让她在骑自行车之前吃。

"学校能给萨米一些明年的信息吗?"我问,"帮她知道她的老师将会是谁,甚至可能安排一次与老师的会面?"你喜欢这个主意,你想知道萨米的现任老师是否会给全班上一节关于结尾、过渡和人员离开的课。

很难确定什么主意会有帮助,但你离开办公室时有很多想法。当你走出去时,门上的铃铛叮当作响,我不确定这是不是我最后一次见到你。你下星期会再给我打电话吗?或者几年后,当萨米青春期的时候?无论何时,如果你这样做,我都欢迎你。

我从事的工作真奇怪啊,从第一次咨询的会谈开始,目标就是去爱别人,帮助他们走上自己的路,一直走到最终分离,再也见不到他们。

调节情绪，不是冷静

这是可能的。和娜特一样，你可能会发现你的孩子向汽车扔石头（或者更糟），而你却不能失控。

这并不意味着你不会生气。请生气。生气是一种情绪，它在说："嘿！！这里出了问题！你必须做点儿什么！"

让孩子看到我们生气是可以的。你知道吗，你可能会感到生气，但仍然可以调节自己的情绪。我们在第 4 章就谈到了这一点，即调节情绪并不等于冷静。也许你忘了。那是不久前的事。

调节情绪不等于冷静。

谁会冷静地应对孩子的暴力行为？一个对自己不诚实的人才会这样。你可以生气，同时对自己有足够的调节，不要说伤害你和孩子关系的刻薄话。

人际关系在真实和调节的连接中绽放。只有当我们对自己诚实，对孩子也诚实时，信任才会得到培养。

我的朋友兼同事莉萨·戴恩说："冷静不是重点。与自我的连接才是重点。"莉萨说得很对。我们可以学会如何与自己保持连接，保持觉察、真实和活在当下，同时也可以保持快乐、生气、悲伤、平静或任何其他感觉。

在这里稍做停顿，认真思考一下这意味着什么。我在说，你不必努力保持冷静，你可以拥有真实的感觉，但仍然在调节自己的情绪。

你会感觉到放松一点儿吗？会感觉这不可能吗？或者两者兼有？

调节与生气

当我们长大成年时，我们的猫头鹰大脑已经学会了一件事，那就是警惕和关注——我们自己。在你因为低血糖而开始讥讽你的伴侣，并无意识地吃一袋薯片之前，你的猫头鹰大脑就知道你饿了。猫头鹰大脑会说："你饿了。"然后也许你吃的是奇异果而不是薯片。或者你只吃了一份薯片，而不是整盒。如果没有猫头鹰大脑的帮助，你就可能突然吃了一整袋薯片，然后胃疼。你和我一样清楚：有时会发生这种情况。你的猫头鹰大脑永远不会百分之百地掌控一切。

生气也是如此！你的猫头鹰大脑可以在你失控之前注意到你生气了。你的猫头鹰大脑帮助你的看门狗大脑决定：我需要多生气？有时，当你用心并真正与自己建立联系时，你会意识到你根本不需要那么生气。其他时候，比如当发现你的孩子向汽车扔石头时，你会意识到"生气到发疯"是一种完全恰当的感觉。生气是一种帮助我们做点什么的感觉。

在我们工作的最后，我教了娜特一个四步小练习，让她帮助萨米在看门狗大脑接管时调节情绪——不一定是冷静。这不是说，娜特那天离开我办公室之后，就再也不会失控了。这更像是我教会了娜特如何投罚球。但她还得自己练习很多次，失败，再练习，不断地练习，很多次。无论最后她有多熟练，她永远不会百分之百成功。

这个小练习很简单，但也很难，它需要大量的练习。如果你大量练习，它会变得容易一些，但它不会是容易的：

1. 觉察自己。
2. 承认而不评判。
3. 自我关怀。
4. 释放张力。

第一步：觉察自己

第一步是觉察到你正在产生一个想法、情绪或感觉。如果没有觉察，就无法进行后面的步骤。因此，觉察是必须的。

只是觉察本身，即使你不做任何其他步骤，也具有非常巨大的力量。如果你能觉察到你有一种情绪，你的猫头鹰大脑就依然大权在握。这就是看到你的情绪和成为你的情绪之间的区别。

如果你想同时体验和觉察到一种情绪，你首先必须练习同时反思和觉察。想想你上一次做出我亲爱的朋友兼同事马歇尔·莱尔斯（Marshall Lyles）所说的过度反应的情形，就是对一个50美分的问题做出了5美元的反应。任何问题。它不一定与你的孩子有关。

好好想想当时的情况，记住当时的感觉。你什么时候开始感到生气的？你记得当时有什么感觉？什么情绪？什么想法？

你有没有注意到你身体上的紧张，比如肩膀紧绷或拳头握成团？想想你体会到了什么，试着去命名你的这些体验，看看是否可以只用中性词给它贴上标签：

> 我感觉我的头快要爆炸了！感觉
> 我觉得特别生气，我必须吐唾沫。情绪和行为
> 我从椅子上跳了起来。行为
> 我攥紧了我的拳头。行为
> 我的胸口像着火一样。感觉
> 我是有史以来最糟糕的家长。想法
> 这永远不会结束！想法
> 一切都变红了。意象

只是觉察，并使用词语简单地描述正在发生的事情。

第二步：承认而不评判

这一步非常重要，也是一个与觉察截然不同的步骤。

承认你的体验，意味着你与你的现实同频。没有评判，不希望它有所不同，也没有试图"解决"它。只是同频。

当我和家长们一起工作了一段时间之后，或者他们听了我的播客几个月，又或者他们读了这本书许多页后，他们开始觉得他们应该"早知道"，而不是仍然有很大的反应。在面对一个非常真实的问题时，比如孩子向汽车扔石头时，他们评价和批评自己非常人性化的反应。他们会说一些这样的话，比如

"我早知道我不应该有这种感觉""我早知道当我……的时候，这没有帮助""我早知道我应该保持冷静"，或者"我早知道，我应该记住他们的创伤，不要做出反应"。

"应该"的背后往往是评判。评判来自启动自我保护模式的神经系统。当你处于自我保护模式时，你能帮助你的孩子调节情绪吗？不能。当你处于这个模式下，你甚至无法调节好自己的情绪。

承认你的体验而不加评判，意味着在你觉察到它之后，只是让它真实地存在，"我正在注意到我胸口的温度在上升"。你不尝试说服自己摆脱这些体验，也不去羞辱自己，或因此责怪你的孩子。它只是简单地真实存在。

第三步：自我关怀

我告诉过你，我真的非常相信自我关怀的力量！我们又来讨论这个力量了。如果你失控并以一种你后悔的方式应对孩子，那么你正在经历一个痛苦的时刻。

让我再说一遍。如果你以一种违背自己价值观和操守的方式对待孩子，那么你正在经历一个痛苦的时刻。

一个痛苦的时刻值得自我关怀。

因为愤怒而颤抖是一个痛苦的时刻。当你的猫头鹰大脑飞走，你的看门狗大脑尖叫，或者你以一种你后悔的方式对待孩子时，那是一个痛苦的时刻。当你的负鼠大脑带来了绝望时，你放弃了，感觉你在自己的家里失去了力量，那是一个痛苦的时刻。

一旦你经过练习，真正掌握自我关怀，如第 11 章所述，也许你会找到一个熟悉的咒语，甚至一个手势，立即带来自我关怀的体验。也许你把手放在自己的胸口，或者重复你的咒语："我是一个好家长，在这种非常困难的情况下，我正在尽我所能。"

我想起了一个关怀自己的形象：一只猫头鹰，自信而温柔，翅膀包裹着一只看门狗和一只负鼠，它们都感到安全（见图 12-1）。

图 12-1

回到你在第一步中想起的记忆，你上一次失控的记忆。你觉察到了你开始感觉失去调节的那一刻，然后你就给自己一秒或是两秒，允许这一切真实发生。也许你对自己说了一些话，比如"啊，是的，我开始觉得我疯了"。现在，当你在脑海中想象这一刻时，给自己传递一个自我关怀的信息，去心疼这个记忆中的你。如果你足够勇敢，你甚至可以说："哦，亲爱的。

这太难了。"

你甚至可以尝试向你的看门狗大脑或负鼠大脑表达感激之情。提醒自己，你的反应是你的神经系统所知道的最好方式。也许你和萨米一样，一直伴随着过度活跃的看门狗大脑或负鼠大脑长大，或者两者都有。我很高兴你的看门狗大脑或负鼠大脑学会了如何保护你的安全。现在，你是一个强壮的成年人，有强壮的猫头鹰大脑。你的猫头鹰大脑可以照顾你的看门狗大脑或负鼠大脑，让它们休息和玩耍。

第四步：释放张力

当我和娜特在一起的时候，多少次我吸了一口凉气？

很多次。

有觉察地、有意识地释放你体内的"加速器"能量会向你的猫头鹰大脑发出"我很安全"的信息。有时我会坐在椅子上，通过放松后背来释放紧张。或者，如果我站着，也可以通过坐下来进行放松。有时我会放松紧张的大腿，有时我会松开拳头。这取决于我首先注意到什么。当我进行了大量的自我练习后，自我关怀的想法几乎总是伴随着一种释放紧张的姿态。我似乎已经把这些神经元连接在一起了，它们现在总是一起闪烁并发生作用。

让你的注意力回到你上次失控的记忆中，我们最后停在几句关怀自己的话上，比如"哦，亲爱的，这太难了"。现在，当你有这种记忆时，就释放紧张。然后想象一下你记忆中的"你"在释放紧张情绪。也许通过呼吸释放，也许你想象自己坐下来，或者放松后背和肩膀。

现在你处于调节状态，不是冷静状态

我的意思是，也许你很冷静，我不知道。也许冷静是最恰当的回应。但当娜特不得不面对萨米向汽车扔石头时，冷静并不是恰当的回应。事实上，冷静的态度可能会让萨米相信，扔石头没什么大不了的。

要达到同时感受到生气又可以调节情绪的程度，你必须练习这四个步骤一百万次。

只是开一下玩笑啊，其实也不需要练习一百万次，但你确实需要经常练习。永远。我仍然经常练习。这就像任何技能一样，如果你停止练习或重新掉到旧习惯的坑里，你就会失去新的能力。这很正常，继续练习吧。

你先以我们刚刚说过的方式练习。你从回忆失控的那一刻开始，一步步走完这四个步骤。

最终，当你还在失控的状态里时，你就会开始听到一个小小的觉察的低语，它听起来像这样："你在抓狂。"

你被激活的强度可能仍然会非常快和激烈，以至于你可能无法进行其他步骤。没关系，不过我要提醒你，这可能会让人觉得是旅程中痛苦的一步。我合作过的每一位来访者都经历了提高觉察的过程，然后才有足够的情绪调节能力来阻止这种抓狂。这个过程让人感到困惑和沮丧，并可能带来绝望的感觉。

觉察这一步没有改变你行为的能力，它是旅程中不可避免的一部分，但它只是一步。你的旅程将继续。记住，你不会在去梦想假期的路上被困在休息站。继续练习这四个步骤，并按第11章说的，练习承受压力的能力。

你最终会在脑海中听到一个声音，它在说："你在抓狂。"然后你会在一两秒之后，觉察到自己的确抓狂了。这就是进步！事实上，很大的进步。继续练习。

你会在脑海中听到一个声音，说："你在抓狂。"然后你会注意到一两秒过去了，你只是允许它真实地存在。一丝关怀将有机会进入你的意识——就在你抓狂之前。

你注意到这里有一个主题。你会经常练习，有时会取得一些不明显的进步，有时你会感觉更糟。你会努力工作，经常练习，但仍然会抓狂。不过可以注意，并问问自己，你是否仍以一样的方式失去调节？这种情况发生得频繁吗？你会不会恢复得更快了？

最终，是的，如果你继续练习，这真的会发生，你会在脑海中听到一个富有关怀之心、不带评判性的声音，说"你在抓狂了"。然后你会注意到又过了一两秒，你只是允许它真实地存在。你会注意到一丝关怀有机会进入你的意识。之后你会深吸一口气。

现在，你的猫头鹰大脑可以选择如何回应你的孩子了。

一个重要的警告！仅仅因为这一次，你的身体进行了充分的调节后再进行反应，并不意味着未来的每一次你都可以做到。你仍然会有失控的时候。目标不是让这种情况永远不再发生，目标是让你感觉能更好地控制自己的神经系统，让调节剧烈失控的次数更少、强度更小，让你更快地恢复。

记住，当你去选择如何回应，而不是在没有觉察的情况下做出反应时，这个选择不一定是冷静回应。你不必像来我办公室的孩子们第一次谈论调节时那样，摆出瑜伽姿势说"哦……"。你可以生气，并调节自己的情绪。

也许当娜特调节自己的情绪但并不冷静时，她会说一些类似这样的话："萨米！石头！向汽车扔石头是非常危险的。我感到愤怒和害怕，因为有人真的可能会受伤，我不知道该怎么办。我需要我的猫头鹰大脑来决定下一步要做什么，所以稍后等我的猫头鹰大脑回来时，我们再讨论这个问题。"

当你向你调节失控的孩子表达你经过调节的、真实的感受时，你必须表达你对于接下来会发生什么的期待。以一种调节的、真实的方式表达你的感受，就是忠于自己，与你的猫头鹰大脑保持联系，不要让孩子产生更多的恐惧和调节失控。这不是试图控制你的孩子的行为或他们的反应。第 9 章提供了很多关于你和孩子的猫头鹰大脑恢复在线后该怎么办的建议。

更新你的心理模型

当你以一种调节的方式与孩子相处时，你依然在真实地面对自己的情绪，你正在拓宽你的压力承受能力。你也可能创造了一个机会来更新你不再真实的心理模型。

如果你能暂停足够长的时间，带着关怀与自己在一起，而不是陷入失调，那么你正在创造一个完美方式来改变你的内隐心理模式。也许你的心理模型之前告诉你，如果你被孩子拒绝，就会危及你的生命。

最终，你可以增强你的猫头鹰大脑，让你看到你的反应是基于一个古老的心理模型："拒绝会危及生命"。然后你可以用猫头鹰大脑问："这仍然是真的吗？"

这不是真的，现在你已经成年了。但当你非常非常小的时候，这是真的，因为就像你在第3章中学到的那样，你需要与人的关系才能够生存。当你觉察到，现在这不再是真的，但它感觉像是真的，过去它也是真的，你可以给自己关怀——心疼自己现在这种感觉有多痛苦，也心疼自己年轻时经历被拒绝有多可怕。

关怀是改变的神经生物学！你正在以一种会带来长期、持久变化的方式治愈你的神经系统。

这种对孩子的看门狗大脑或负鼠大脑做出反应的方式，也正是他们在自己的内隐记忆和神经系统中获得片刻治愈所需要的。解释记忆科学家所说的"不确定的经历"的真相超出了本书的范围，一个非常简短的总结是，当你的孩子情绪失调时，他们希望你也情绪失调。他们不仅希望自己的情绪失调得到你的镜映，而且对于有关系创伤和依恋紊乱史的儿童来说，在一开始，也正是情绪失调的成年人导致了他们这种失调的产生。记住，记忆是关于过去的事情如何影响我们的期望和经验，无论是现在还是未来。因此，孩子记忆中失调的成年人会让他们现在只能预期会遇上失调的成年人。

当你以当下、觉察、调节——而不是冷静——的方式对孩子的情绪失调做出反应时，你的神经系统会让他们的神经系统感到惊喜。这个惊喜为"不确定"的体验创造了机会。他们的失调获得了一种全新的体验，即被调节，现在，一种新的记忆被创造了。

可能看起来没有什么变化。你需要非常努力地保持情绪调节，而你的任何努力可能对你的孩子没有什么影响。

大脑正在改变

一个-18℃的冰块必须升温19℃时，你才会注意到变化正在发生——而19℃已经很多了！这就是一个21℃的舒服下午和40℃的闷热下午之间的区别。不过，在发生温度变化之前，冰块不会改变。如果没有从-18℃到0℃之前的累积升温，到达1℃的变化不可能发生。

我们的孩子和我们自己也是如此。变化正在发生。这根本不可能不发生。你会努力与你的猫头鹰大脑保持联系，这样即使在孩子最困难的时刻，你也可以为他们提供调节、连接和安全感，但他们的行为可能并没有变化。内在变化和可观察行为之间的临界点可能在未来的某个未知点，可能是下个月、明年，或者直到你的孩子长大。

甚至，在你的孩子有了孩子，你看到孙子孙女的变化之前，你的孩子身上可观察到的变化仍然可能是不明显的。也许在这一刻，这感觉就像是一个糟糕的安慰奖。事实上，养育一个神经系统脆弱的孩子需要付出很多努力，如果你的神经系统也很脆弱的话，尤其让人感到悲伤。

大脑在一种同频的、共鸣的关系中发生变化。它时刻发生变化。当你读这本书的时候，你的大脑发生了变化，因为通过某种神经科学奇迹，我们可以通过书面文字建立一种同频的、共鸣的关系，即使我们从未见过面。你的孩子的大脑也变了。它根本不可能不变化。

为你写这本书改变了我的大脑。毕竟，老师教授他们需要练习的东西。演讲者说出他们需要听到的内容。作家写他们需要阅读的东西。

非常感谢。

后记

我查看了办公室的邮件,当我在贺卡大小的信封左上角看到你的姓氏时,我感到很惊讶。我蜷入我紫色的沙发里,拿出卡片,微笑着。"真棒"一词印在一幅负鼠素描上方。

真棒,负鼠。

当我打开卡片时,你的照片掉了出来。你看起来喜气洋洋的。你的一只手搂着一个戴着帽子、穿着礼服的看起来不太高兴的孩子的肩膀。那是萨米。

你好,萝宾,

我在 Etsy 上看到了这张负鼠卡片,我觉得一定要把它寄给你。这是萨米的八年级毕业典礼。你能相信吗?我们成功了。别相信她那张"怎么了"看门狗的脸。萨米和我一样对自己很满意,尽管有时她还是很难表现出来。另外,天气太热了!到最后,我们都有点儿暴躁,所以我们停下来吃了一些庆祝的冰沙。一杯带吸管的超冷饮料依然有帮助。

我必须给你讲这个小故事。几周前,萨米还在横冲直撞。老实说,我甚至不确定到底发生了什么——有时很难跟上萨米的步伐。她完全"准备好行动了",因为找不到她想穿的衬衫而在房子里狂奔并大喊大叫。她告诉我这是我的错,并说她找不到衬衫，是因为我懒得洗衣服。我感到一阵愤怒，试图赶走我的猫头鹰大脑，但突然一切都很清晰——就像我在看现实的东西一样——我看到了一只猫头鹰。猫头鹰看着我，带着"我明白了"的表情，然后把一只脾气暴躁、看起来有点儿可怜的看门狗拉到它宽阔的羽翼下。

是的，现在你让我看到了非现实的东西。

我不确定那只猫头鹰是在照顾我的看门狗还是萨米的看门狗——或者两者兼有。我只知道萨米需要帮助。所以，我没有因为她无礼而对她大喊大叫，也没有因为她不提前找衬衫而责怪她。我只知道她疲惫的看门狗大脑需要帮助。我深呼吸后，帮她找到衬衫。当她走出门，骑上自行车去上学时，她回头看了看，说："谢谢，妈妈。"

我想让你修复萨米。我想让你修复我。

但是，我们两个并没有坏掉。

感谢你的，
娜特

术语解释

依恋（attachment）每个人固有的生物系统，我们生来就有它。依恋能确保孩子在生理和情感上生存。[1]我们都需要依恋才能生存和茁壮成长。人类的成长不会脱离依恋。

同频（attunement）使你的内部状态与其他人的内部状态保持一致；与他人在语言和非语言交流上进行匹配的沟通。[2]

自主神经系统（autonomic nervous system）我们神经系统的一部分，负责我们不需要去想的事情，这些事情大多是我们无法控制的，比如呼吸、消化和心率。自主神经系统负责为所有行为提供能量和唤醒。

脑干（brainstem）脑干位于大脑底部，在大脑的深处，是大脑和身体之间的中继站。脑干在自主神经系统中具有多种功能。在健康的足月婴儿中，它在很大程度上是"已较好连接并随时可以运作"的状态。脑干首先建构于连接怀孕妈妈的节律。出生后，它继续按照主要照顾者的节律进行建构。

连接（connection）加入或与某物或某人结合。真正的连接包括联结（我们是相同的）和区分（我们是不同的）。[3,㊀]

㊀ 真正的连接既需要双方有共同之处，也需要保持各自的独特性。这种平衡是建立真正连接的关键。——译者注

皮质（cortex）皮质是大脑中最高和最外部的区域，负责推理、逻辑和理解因果关系等复杂任务。一个平静、受调节和安全的边缘系统可以让大脑皮质在18~36个月时开始发挥作用——这时我们观察到语言能力的爆发和认知技能的提高。

解离（dissociation）通常处于连接或关联状态的部分断开。这可以适用于自我的不同部分、记忆网络和身/心等方面。解离可能伴随着各种感觉，包括模糊、混沌、恍惚或一种虚无感。

失调状态、失调的（dysregulation, dysregulated）在自主神经系统中能量和唤醒的不平衡；难以监测和调节能量状态和情绪反应。[4]

安全感（felt safety）基于一个人的内部体验、关系体验和环境的主观体验。

内隐记忆（implicit memory）感受、感觉、行为冲动、感知。内隐记忆是在意识觉知之外体验的，不会唤起回忆的主观体验。内隐记忆"被记住但不被回忆起"。[5]

内感受（interoception）一种身体内部的感觉，它监测并传递来自我们身体内部的信号，如饥饿和饱腹感、口渴或需要使用卫生间。

人际神经生物学（interpersonal neurobiology，IPNB）由丹·西格尔博士开发，IPNB是一种跨学科的人类发展理论，考虑了心理、身体和关系之间的相互作用。

边缘区域（limbic regions）边缘区域位于脑干和皮质之

间，与关系、情感、依恋和内隐记忆有关。边缘区域在基因上已经准备好通过关系体验和协同调节形成联系。[6]

适应不良的行为（maladaptive behavior）没有适当适应新的情景、经历或环境的行为。当我们了解大脑如何在每一个不断变化的瞬间创造自己的现实时，就可以看到，没有任何行为是适应不良的。

神经感知（neuroception）在环境中评估风险的自动化神经过程，它会潜意识地调整我们的生理反应以应对潜在风险。[7]

神经发散性（neurodivergent）大脑和神经系统处理信息的方式与通常所认为的"典型"不一样。

神经多样性（neurodiversity）人类大脑中的差异是自然的和正常的。没有任何一种神经认知功能比另一种更好或更差。

神经科学（neuroscience）对神经系统（大脑、脊髓和外周神经系统）及其功能进行科学研究的学科。

脚手架式协调（scaffolding）一种协同调节的形式，为儿童提供取得成功所需的结构和支持。随着儿童的技能和调节能力的提高，脚手架式协调可以逐渐和有序地减少。

毒性压力（toxic stress）不可预测、极端和持续的压力体验，[8]这些体验没有得到足够的安全、支持和协同调节。

致谢

自从瓦贝克（Wabeke）女士在11年级的创意写作课上布置了"我死前要做的100件事"作文以来，我一直梦想在我的第一本书中写致谢部分。考虑到我可能永远不会"创作一首让人感动得流泪的交响乐"（第14项），至少完成"写作并出版一本书"这一项是非常令人满意的。瓦贝克夫人，谢谢你帮我找到自己的声音。

彼得·马拉马尔迪（Peter Maramaldi）、贾妮·克雷文斯（Janie Cravens）和史蒂夫·特雷尔（Steve Terrell），你们每个人都对我的职业生涯产生了深远的影响。彼得——你是第一个真正让我考虑到我可能有一些可以奉献给世界的专业天赋的人。而且，我希望可以说，我已经改变了把我的东西扔得到处都是，让它们像没吃过的冰激凌一样融化的习惯，但那完全是谎言。贾妮——你把我带到了领养知识联盟，改变了我职业生涯的轨迹。你让我感到自己很特别和被爱，就好像我贡献的是非常重要的东西。还有史蒂夫。史蒂夫，你是我在现实生活中认识的第一个和我一样，喜欢这些富有挑战性、鼓舞人心的孩子的人。你向我展示了成为勇敢、温柔、富有怜悯心，同时又聪明绝顶的人是可能的。

很明显，没有我的父母就没有我。也许新冠疫情的一个好处是，我们能够在我们的小隔离泡泡中度过那么多时间。我从来没有计划过在我的一生中还有这样的机会，与你们建立一种日常的关系。太爱你们了。

克丽丝滕。你是我最好的女孩。还需要说什么吗，说真的？

我所有的朋友都来自蓝色小屋。凯蒂、苏泽特、杰森、克里斯蒂和伊莱沙。世界上最好的治疗师、朋友、旅行伙伴和练习伙伴。能被你们这样优秀的人所爱、所见、所原谅，使我成为也许是最幸运的女孩。

劳拉。宇宙把我们带到了一起——两个不太可能、但成了对彼此来说是完美的人。你让我成为一个更好的人、治疗师、朋友、老板和合作者。如果没有你，我就算有十亿年也永远无法完成《俱乐部》(*The Club*)或《与你在一起》(*Being With*)。所以不要辞职。开开玩笑啊，但也有点儿那个意思。

马歇尔。我做了什么，能让我得到你？我可以完全做我自己，部分原因是我从你的眼中看到，"我"是一个非常好的人。为我们已经进行的所有合作，以及即将到来的所有合作干杯。

邦妮。这本书中的主意之所以存在，是因为有你。我首先相信关于我的来访者的这些主意，然后我冒着风险相信关于自己的这些主意。被邀请进入你的家和生活简直是一个奇迹。我需要一个最柔软的地方着陆，这样我才能对在尽可能高的地方跳下去感到安全。哪怕我写一封100页的感谢信，也无法充分描述你是如何影响我的生活的——我的工作、我的婚姻、我的育儿，我的一切。非常感谢。

朱利安。当我停下来去思索，你是如何把自己印在我的心、我的灵魂和我的脑海中的（这要归功于那些镜像神经元、共鸣神经网络和大量的爱），我开始哭泣，哭泣，哭泣。如果全世界的每个人都有一个朱利安，没有人会需要治疗师。幸运的是，每个认识我的人都有一个朱利安，因为你是我的一部分。

对于在这本书上有实际影响的特殊人士：

安妮·赫夫龙（Anne Heffron）！！！！你简直太完美了。我写了一本书！它是从你开始的。你邀请我去云端玩，有时我甚至答应了。你们都在读这本书，想知道你是否也能写一本？你可以的。请一位写作教练吧。

贝萨尼·索尔特曼（Bethany Saltman）。在我读了《奇怪境地》（*Strange Situation*）之后，我知道我需要认识你。这太棒了。六个月来我们一起工作，撰写了一本图书提案，真的得到了回报，其价值远远超出签订出版合同。你帮助我重新点燃了对工作的热爱，并以一种对他人有意义的方式组织了它。这是无价的。

斯蒂芬·琼斯（Stephen Jones）。你给了我自由去写我想写的书，以及接触世界各地的家庭的机会。感谢你致力于为陷入困境的家庭出版书籍，将人类置于利润之前，以及坚持你的价值观。

史蒂夫·克莱因（Steve Klein）。你接受了我的想法，让猫头鹰、看门狗和负鼠活了起来。他们说得很对。在完成我的手稿的最后几个月时，有一个富有创意的伙伴提供给我继续写作所需要的灵感。

霍莉·廷伯林（Holly Timberline）。这本书让我们走到了一起，建立了一种远远超出我希望的工作关系，并最终建立了友谊。当我在写初稿时，与作为编辑的你合作使这个项目恰好变成了它所需要的——一种关系性的体验。谢谢你爱上了娜特和萨米。每个人，包括娜特和萨米，都需要尽可能多的人来喜爱他们。

最后，献给埃德、亚历山大和我们共同创造的家庭——哦，还有金妮！在我最疯狂的梦里，我也没想到会和你们这样的人一起生活。没有你，我根本不会成为萝宾。你给了我一个家。我抹去并重写了这段中的每一句话，因为这些词感觉太错误和老套了。我爱你，从北极到南极，直至全世界的每一个角落。

尾注

第 1 章

1. Greene, R.W. (2021 [1998]) *The Explosive Child: A New Approach for Understanding and Parenting Easily Frustrated, Chronically Inflexible Children*. Sixth edition. New York: HarperCollins.
2. Josefson, D. (2001) "Rebirthing therapy banned after girl died in 70 minute struggle.'" *BMJ 322*(7293), 1014.
3. Heller, J. and Henkin, W.A. (1986) "Bodywork: Choosing an approach to suit your needs." *Yoga Journal 66*(28), p.56.
4. Siegel, D.J. (2009) *Mindsight: The New Science of Personal Transformation*. New York: Bantam Books.
5. Badenoch, B. (2008) *Being a Brain-Wise Therapist: A Practical Guide to Interpersonal Neurobiology*. New York: W.W. Norton & Company, p.15.
6. Porges, S.W. (2017) "Foreword: Safety is Treatment." In B. Badenoch, *The Heart of Trauma: Healing the Embodied Brain in the Context of Relationships* (pp.ix–xii). New York: W.W. Norton & Company.

第 2 章

1. Sroufe, A. and Waters, E. (1977) "Attachment as an organizational construct." *Child Development 48*, 1184–1199.
2. Bowlby, J. (1969) *Attachment and Loss, Vol. 1, Attachment*. New York: Basic Books.
3. Porges, S. (2004) "Neuroception: A subconscious system for detecting threats and safety." *Zero to Three 24*(5), 19–24.
4. Riener, A. (2011) "Information injection below conscious awareness: Potential of sensory channels."
5. Porges, S. (2004) "Neuroception: A subconscious system for detecting threats and safety." *Zero to Three 24*(5), 19–24.
6. Dana, D. (2018) *The Polyvagal Theory in Therapy: Engaging the Rhythm of Regulation* (Norton Series on Interpersonal Neurobiology). New York: W.W. Norton & Company.
7. Damasio, A. (2005) *Descartes' Error: Emotion, Reason, and the Human Brain*. New York: Penguin Books.

8   Siegel, D.J. (2020) *The Developing Mind: How Relationships and the Brain Interact to Shape Who We Are*. Third edition. New York: W.W. Norton & Company.
9   Perry, B.D. and Winfrey, O. (2020) *What Happened to You? Conversations on Trauma, Resilience, and Healing*. New York: Flatiron Books.
10 Perry, B.D. and Winfrey, O. (2020) *What Happened to You? Conversations on Trauma, Resilience, and Healing*. New York: Flatiron Books.

第 3 章

1   Siegel, D.J. and Payne Bryson, T. (2020) *The Power of Showing Up: How Parental Presence Shapes Who Our Kids Become and How Their Brains Get Wired*. New York: Ballantine Books.
2   Siegel, D.J. and Payne Bryson, T. (2020) *The Power of Showing Up: How Parental Presence Shapes Who Our Kids Become and How Their Brains Get Wired*. New York: Ballantine Books.
3   Powell, B., Cooper, G., Hoffman, K., and Marvin, B. (2016) *The Circle of Security Intervention: Enhancing Attachment in Early Parent–Child Relationships*. New York: The Guilford Press.

第 4 章

1   Lisa Dion, licensed professional counselor, supervisor, and registered play therapist supervisor, as a guest on my podcast, May 18, 2021.
2   Siegel, D.J. and Hartzell, M. (2003) *Parenting from the Inside Out: How a Deeper Self-Understanding Can Help You Raise Children Who Thrive*. New York: Tarcher/Putnam, p.202.
3   Siegel, D.J. (2012) *Pocket Guide to Interpersonal Neurobiology: An Integrative Handbook of the Mind* (Norton Series on Interpersonal Neurobiology). New York: W.W. Norton & Company, p.490.
4   Dion, L. (2018) *Aggression in Play Therapy: A Neurobiological Approach for Integrating Intensity*. New York: W.W. Norton & Company.
5   Siegel, D.J. (2012) *Pocket Guide to Interpersonal Neurobiology: An Integrative Handbook of the Mind* (Norton Series on Interpersonal Neurobiology). New York: W.W. Norton & Company.
6   Schore, A. (2000) "Attachment and the regulation of the right brain." *Attachment & Human Development 2*, 1, 23–47.
7   Siegel, D.J. and Hartzell, M. (2003) *Parenting from the Inside Out: How a Deeper Self-Understanding Can Help You Raise Children Who Thrive*. New York: Tarcher/Putnam.
8   Tronick, E. and Gold, C.M. (2020) *The Power of Discord: Why the Ups and Downs of Relationships Are the Secret to Building Intimacy, Resilience, and Trust*. New York: Little, Brown Spark, p.39.
9   Siegel, D.J. (2020) *The Developing Mind: How Relationships and the Brain Interact to Shape Who We Are*. Third edition. New York: W.W. Norton & Company.

10 Cited in Siegel, D.J. (2020) *The Developing Mind: How Relationships and the Brain Interact to Shape Who We Are*. Third edition. New York: W.W. Norton & Company, p.100.
11 Cozolino, L. (2014) *The Neuroscience of Human Relationships: Attachment and the Developing Social Brain* (Norton Series on Interpersonal Neurobiology). Second edition. New York: W.W. Norton & Company.
12 Siegel, D.J. (2012) *Pocket Guide to Interpersonal Neurobiology*. New York: W.W. Norton & Company, p.476.
13 Siegel, D.J. (2020) *The Developing Mind: How Relationships and the Brain Interact to Shape Who We Are*. Third edition. New York: W.W. Norton & Company.
14 Iacoboni, M. (2008) *Mirroring People: The Science of Empathy and How We Connect with Others*. London: Picador.
15 Badenoch, B. (2017) *The Heart of Trauma: Healing the Embodied Brain in the Context of Relationships*. New York: W.W. Norton & Company.
16 Said by Karyn Purvis at an Empowered to Connect conference, based on Cramer, S.C. and Chopp, M. (2000) "Recovery recapitulates oncology." *Trends in Neuroscience 23*, 6, 265–271.

第 5 章

1 Perry, B.D. and Winfrey, O. (2020) *What Happened to You? Conversations on Trauma, Resilience, and Healing*. New York: Flatiron Books.
2 Perry, B.D. and Winfrey, O. (2020) *What Happened to You? Conversations on Trauma, Resilience, and Healing*. New York: Flatiron Books.
3 Perry, B.D. and Winfrey, O. (2020) *What Happened to You? Conversations on Trauma, Resilience, and Healing*. New York: Flatiron Books.

第 6 章

1 Rowell, K. (2012) *Love Me, Feed Me: The Adoptive Parent's Guide to Ending the Worry about Weight, Picky Eating Power Struggles and More*. Saint Paul, MN: Family Feeding Dynamics.
2 Smith, M.L. (2021) *The Connected Therapist: Relating through the Senses*. Self-published.
3 Siegel, D.J. and Hartzell, M. (2003) *Parenting from the Inside Out: How a Deeper Self-Understanding Can Help You Raise Children Who Thrive*. New York: Tarcher/Putnam, p.103.
4 Powell, B., Cooper, G., Hoffman, K., and Marvin, B. (2016) *The Circle of Security Intervention: Enhancing Attachment in Early Parent–Child Relationships*. New York: The Guilford Press, p.30.
5 Brown, S. with Vaughan, C. (2009) *Play: How It Shapes the Brain, Opens the Imagination, and Invigorates the Soul*. New York: Penguin.

第 7 章

1. Perry, B.D. and Winfrey, O. (2020) *What Happened to You? Conversations on Trauma, Resilience, and Healing.* New York: Flatiron Books.
2. Porges, S.W. (2017) *The Pocket Guide to the Polyvagal Theory: The Transformative Power of Feeling Safe* (Norton Series on Interpersonal Neurobiology). New York: W.W. Norton & Company.

第 8 章

1. Perry, B.D. and Winfrey, O. (2020) *What Happened to You? Conversations on Trauma, Resilience, and Healing.* New York: Flatiron Books.
2. Smith, M.L. (2021) *The Connected Therapist: Relating through the Senses.* Self-published.
3. Sharma, N. (2016) "Lost Together." In *Wanderings: Poetry from the Dreamer.* Self-published. Poem republished with permission from the author.

第 10 章

1. Sunderland, P. (2012) "Lecture on Adoption and Addiction." YouTube.

第 11 章

1. Perry, B.D. and Winfrey, O. (2020) *What Happened to You? Conversations on Trauma, Resilience, and Healing.* New York: Flatiron Books.
2. Beckes, L. and Coan, J.A. (2011) "Social baseline theory: The role of social proximity in emotion and economy of action." *Social and Personality Psychology Compass 5*, 976–988.
3. Brown, S. with Vaughan, C. (2009) *Play: How It Shapes the Brain, Opens the Imagination, and Invigorates the Soul.* New York: Penguin.
4. Hanson, R. (2013) *Hardwiring Happiness: The New Brain Science of Contentment, Calm, and Confidence.* New York: Harmony Books.
5. Neff, K. (2011) *Self-Compassion: The Proven Power of Being Kind to Yourself.* New York: HarperCollins, p.10.

术语解释

1. Bowlby, J. (1988) *A Secure Base*. New York: Basic Books.
2. Siegel, D.J. and Hartzell, M. (2003) *Parenting from the Inside Out: How a Deeper Self-Understanding Can Help You Raise Children Who Thrive*. New York: Tarcher/Putnam.
3. Siegel, D.J. (2012) *Pocket Guide to Interpersonal Neurobiology: An Integrative Handbook of the Mind* (Norton Series on Interpersonal Neurobiology). New York: W.W. Norton & Company.
4. Siegel, D.J. (2012) *Pocket Guide to Interpersonal Neurobiology: An Integrative Handbook of the Mind* (Norton Series on Interpersonal Neurobiology). New York: W.W. Norton & Company.
5. Sunderland, P. (2012) "Lecture on Adoption and Addiction." YouTube.
6. Badenoch, B. (2008) *Being a Brain-Wise Therapist: A Practical Guide to Interpersonal Neurobiology*. New York: W.W. Norton & Company.
7. Porges, S. (2017) The *Pocket Guide to Polyvagal Theory: The Transformative Power of Feeling Safe*. New York: W.W. Norton & Company.
8. Perry, B.D. and Winfrey, O. (2020) *What Happened to You? Conversations on Trauma, Resilience, and Healing*. New York: Flatiron Books.

儿童期

《自驱型成长：如何科学有效地培养孩子的自律》
作者：[美] 威廉·斯蒂克斯鲁德 等 译者：叶壮

樊登读书解读，当代父母的科学教养参考书。所有父母都希望自己的孩子能够取得成功，唯有孩子的自主动机，才能使这种愿望成真

《聪明却混乱的孩子：利用"执行技能训练"提升孩子学习力和专注力》
作者：[美] 佩格·道森 等 译者：王正林

聪明却混乱的孩子缺乏一种关键能力——执行技能，它决定了孩子的学习力、专注力和行动力。通过执行技能训练计划，提升孩子的执行技能，不但可以提高他的学习成绩，还能为其青春期和成年期的独立生活打下良好基础。美国学校心理学家协会终身成就奖得主作品，促进孩子关键期大脑发育，造就聪明又专注的孩子

《有条理的孩子更成功：如何让孩子学会整理物品、管理时间和制订计划》
作者：[美] 理查德·加拉格尔 译者：王正林

管好自己的物品和时间，是孩子学业成功的重要影响因素。孩子难以保持整洁有序，并非"懒惰"或"缺乏学生品德"，而是缺乏相应的技能。本书由纽约大学三位儿童临床心理学家共同撰写，主要针对父母，帮助他们成为孩子的培训教练，向孩子传授保持整洁有序的技能

《边游戏，边成长：科学管理，让电子游戏为孩子助力》
作者：叶壮

探索电子游戏可能给孩子带来的成长红利；了解科学实用的电子游戏管理方案；解决因电子游戏引发的亲子冲突；学会选择对孩子有益的优质游戏

《超实用儿童心理学：儿童心理和行为背后的真相》
作者：托德老师

喜马拉雅爆款育儿课程精华，包含儿童语言、认知、个性、情绪、行为、社交六大模块，精益父母、老师的实操手册；3年内改变了300万个家庭对儿童心理学的认知；中南大学临床心理学博士、国内知名儿童心理专家托德老师新作

更多>>>
《正念亲子游戏：让孩子更专注、更聪明、更友善的60个游戏》作者：[美] 苏珊·凯瑟·葛凌兰 译者：周玥 朱莉
《正念亲子游戏卡》作者：[美] 苏珊·凯瑟·葛凌兰 等 译者：周玥 朱莉
《女孩养育指南：心理学家给父母的12条建议》作者：[美] 凯蒂·赫尔利 等 译者：赵菁

青春期

《欢迎来到青春期：9~18岁孩子正向教养指南》
作者：[美] 卡尔·皮克哈特 译者：凌春秀

一份专门为从青春期到成年这段艰难旅程绘制的简明地图；从比较积极正面的角度告诉父母这个时期的重要性、关键性和独特性，为父母提供了青春期4个阶段常见问题的有效解决方法

《女孩，你已足够好：如何帮助被"好"标准困住的女孩》
作者：[美] 蕾切尔·西蒙斯 译者：汪幼枫 陈舒

过度的自我苛责正在伤害女孩，她们内心既焦虑又不知所措，永远觉得自己不够好。任何女孩和女孩父母的必读书。让女孩自由活出自己、不被定义

《青少年心理学（原书第10版）》
作者：[美] 劳伦斯·斯坦伯格 译者：梁君英 董策 王宇

本书是研究青少年的心理学名著。在美国有47个州、280多所学校采用该书作为教材，其中包括康奈尔、威斯康星等著名高校。在这本令人信服的教材中，世界闻名的青少年研究专家劳伦斯·斯坦伯格以清晰、易懂的写作风格，展现了对青春期的科学研究

《青春期心理学：青少年的成长、发展和面临的问题（原书第14版）》
作者：[美] 金·盖尔·多金 译者：王晓丽 周晓平

青春期心理学领域经典著作
自1975年出版以来，不断再版，畅销不衰
已成为青春期心理学相关图书的参考标准

《为什么家庭会生病》
作者：陈发展

知名家庭治疗师陈发展博士作品